植物優先！

人和植物都療癒的
空間提案
×
現在就想入手的
64種觀葉植物全圖鑑

OUTDOORS

FULL SUN

PARTIAL SHADE

前言

用自己精挑細選的物品，打造質感居家生活，讓我們的日子變得多彩多姿。「質感生活圖鑑」系列，是專為想使用嚴選商品提升生活品質的讀者所製作的書籍。

將挑選過程變得更有效率、也讓商品發揮最大價值的基礎知識彙整成圖文並茂的圖鑑。

這是本跳脫基本模式並集結各種風格與方法的書籍。

此書的主題是「綠意」。觀葉植物的存在，能滋養我們的生活與心靈。此書不僅會介紹多種植物以及栽種基礎知識（常把植物養死的黑手指必看），還會介紹有品味的居家擺飾，但願此書能幫助各位開啟嶄新的綠意生活。

PART 1 享受綠意的愉快生活

PART 2 現在就想入手的64種觀葉植物

Part 3 栽種的基礎知識

KEEP
CALM
CARRY
ON

SUNNY PLACE

KEEP
CALM
AND
CARRY
ON
KEEP
CALM

Part 1
享受綠意的愉快生活

想為生活增添綠意、

興沖沖地買了植物回家，

卻無法打造出想像中的美好印象嗎？

我們請教了景觀園藝設計店 AYANAS 的

境野先生及多位工藝家，

請他們為毫無經驗的新手指點迷津。

挑選

挑選擺放場所

創造對人及植物都舒適的環境

能為居家擺設增添色彩的植栽，雖說是室內的裝飾品，但別忘了它們也是生物，要仔細考慮到擺放的生存環境。

我選擇擺放空間的必要條件是：「日照充足，空氣流通。」這是能使植物健康成長的絕對條件。日照充足自然不用說，空氣流通也出乎意料的重要。室內有新鮮空氣流通，對人來說十分重要，對植物來說也是很適宜的環境。

雖然我們不太可能為了栽種植物而搬家，但要謹記對人和植物而言：「陽光和空氣是生存的必要條件。」

決定好擺放地點再挑選植物

仔細觀察家裡的環境，有陽光普照的窗邊，也有陽光照射不到的地方。

根據植物原生地的不同，喜好的溫度、濕度和日照環境皆有所不同。有喜好強光照射的植物，也有喜好高濕陰暗的植物。所以盡可能將植物擺放在接近它原本自然生長環境的場所尤佳。

本書會以①戶外或陽臺等陽光直射的環境、②陽光灑落的窗邊等明亮的室內環境、③半日照或陰涼但可閱讀書報程度的明亮室內，這三個地方，在書中標註各種植物建議放置的場所（參考P102）。請將此當作放置場所和挑選植物的參考基準。

挑選

第一盆就從好養的植物開始

產地在乾燥地帶的虎尾蘭，整棵植株都能儲存水分，即使澆水次數很少也 OK。圖為香蕉虎尾蘭和棒葉虎尾蘭。水分儲存在粗大的葉片內。

即使澆水次數很少也能活得好的品種

想要迎接新植物回家，開始一段與植物共存的生活時，你可能會毫無頭緒不知該從何開始。如果你有「既然要養就不想失敗」的強烈想法，就試著從好養、適合初學者的植物開始吧！

雖然很難證明這種植物「容易栽種」，但不用頻繁澆水也能活得好好的、不用花費太多心力照顧就是好養的植物吧！

這裡要推薦的是虎尾蘭。尤其是葉片粗大的虎尾蘭，葉片的儲水力較強，即使澆水次數很少也ＯＫ。對於生活忙碌沒自信能好好照顧植物的人來說，也能放心栽種。

天南星科的植物可說是觀葉植物的基本款。有許多耐陰性（日照不足的耐受能力）佳的品種，最具代表的品種就是綠蘿。常看見它們出現在很難有日照的店家和辦公室等室內。下圖為兩種有可愛心形葉片的心葉蔓綠絨，可生長在半日照的環境下。

很能適應日照不足的南洋鵝掌藤，是不易養失敗又健壯的植物。因此很常在公共設施和辦公室看見它的身影。圖為培育成樹形有點特殊的鵝掌藤。

可以忍受日照不足的植物
是相對容易照顧的健壯孩子

如果你認為「容易栽種＝不易枯死」，推薦你種基本款的綠蘿等天南星科的植物。雖然它們喜歡待在日照充足的地方，但耐陰性也很優秀，即使在日照不太充足的住家、辦公室或是店家等處，都可以健康活潑地生長。

南洋鵝掌藤（P136）的耐陰性也很優秀，它是觀葉植物的基本款，應該很多人看過它。有許多南洋鵝掌藤的同類，樹形被培育得十分有趣，可以試著去找出自己喜歡的樣式。

挑選桌上型大小的植物

可以輕鬆購入的桌上型植物

體積輕巧、可輕鬆購入、又能使居家擺設達到畫龍點睛功效的小型盆栽，只要在桌面、廚房檯面或書桌角落擺放幾盆，就能使單調的室內轉眼變成歡愉的氣氛。

在百圓商店或無印良品最近也推出小盆栽。馬拉巴栗、細葉榕、袖珍椰子和日本白蠟樹，都是常被拿來販售的熱門品項。每一株都好養，是可以安心購入放在室內的品種。我店裡的基本款迷你植物則是風不動（參考P144）。桌上型大小輕巧方便，非常受歡迎。也很建議當作伴手禮或小禮物送人。

和小植物長久相伴

雖然小盆栽不挑場所可輕鬆排列，但也有幾個注意事項。首先，既然是小盆栽，土壤含量相對也少，因此土壤容易乾燥，別忘了要隨時確認土壤狀態並補充水分。

此外，就算是用小盆栽種植的植物，也不全都是長不大的植物。以細葉榕來說，它在原生地生長會長到數十公尺。即使在一開始覺得植株還這麼小無所謂，但畢竟它是生物，還是要謹記它未來可能會長成大株。不過換個角度想，和這種植株長久相處下來，可以親眼目睹它的成長過程也別有一番樂趣。

挑選

找出空間中的「主樹」

將具有存在感的植物當作居家擺設的主角

主樹──會讓人聯想到獨棟透天厝庭院裡參天的大樹，但也能想成是「客廳的主樹」。不一定要是種在大型盆缽內的植物，垂吊在客廳的大型鹿角蕨也可以成為主角。

或許有人會擔心：「我連小植物都養不活了，還想養大型植物……」但實際上反而是大型植物比較健壯結實喔！新手也可以試著從大型盆栽入手。不僅能長伴左右，還能增加存在感，久而久之就會萌生感情，它一定能成為這個家的象徵。

植物名稱由左上角順時針依序是：象耳鹿角蕨、南洋鵝掌藤、三角鹿角蕨。每一株都很有存在感，適合當作主樹。如果無法放置大型植物，那就挑個吸睛又有特色的植物吧！

對「樹形」的意識

這世上不存在完全相同樹形的植物

現代人會利用網路來購買植物。此時就會在意「是否能收到和商品照片一樣的成品？」以左頁的孟加拉榕為例，即使是相同的植物，每一盆的枝節、葉片和樹形的協調性都有不同的個性。既然想買，就想要挑選形狀也能吻合需求的植栽，對吧？

有許多網路商城會逐盆拍攝植物細節照片，在不能到實體店面去挑選的時候，利用網路上有誠信的店家找到喜歡的樹形也是一種方法。不過若是可以的話，還是建議親自到喜愛的店裡挑選，因為有非常多的植物，光憑照片是無法展現出實際面貌的魅力的。

對葉片形狀和顏色的意識

享受葉片魅力的「觀葉」植物

「觀葉植物」顧名思義就是觀賞葉子的植物。試著將焦點放在葉片的形狀、顏色、模樣和質感等特徵。有圓潤可愛的葉片，也有尖尖刺刺帶點冷酷感的葉片，葉片形狀占了外觀印象很大的要素。有大型葉片、小型葉片、細長形葉片和愛心形葉片。可以從葉片形狀挑選出喜歡的盆栽。

葉片給人的印象，也是考慮到和居家擺設是否適合的重點。像龜背芋這種葉片形狀特殊的植物，當葉片倒影映照在居室的牆面和地板時，更能增添生活樂趣。讓陽光從枝葉間灑落進室內環境吧！

室內空間大小和葉片的關係

龜背芋、馬拉巴栗和愛心榕這類葉片較大的植物，占據空間的比例較大，只要一盆就能營造出強烈存在感；另一方面，葉片稀疏細長的植物，放在狹窄又擁擠的套房內也不會感到壓迫感。

此外，擺放數個小盆栽時，請務必產生葉形意識。刻意將不同葉形的植物搭配組合，反而能突顯出各自的特徵；而如果覺得排列起來很凌亂，可以統一盆缽的色調、形狀或材質，就能產生整潔的系列印象。

挑選

什麼是「珍稀植物」？

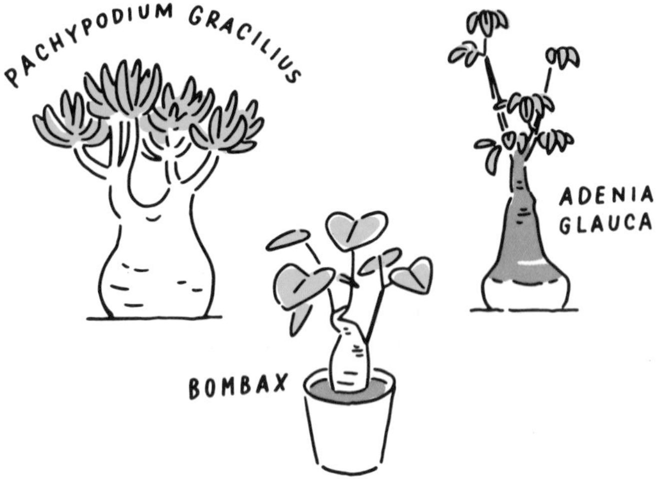

收藏者眾多的塊根植物世界

如果想買少見又有個性的植物，建議可以考慮塊根植物。顧名思義，這是根的形狀很特殊的植物。這類型的植物很受歡迎，近期在植栽市場的流通量也跟著變多，但和馬拉巴栗和綠蘿這類熱門品種相比，塊根植物仍算是稀有的植物。追求獨特怪奇的人，可以試著朝這方面著手。

蒐集稀有物品會激發蒐集潛能，所以一旦入坑，就會一個接一個，算是收藏者眾多的一款植物。本書也有介紹塊根植物中最具代表性的象牙宮（P156）和綠背龜甲（P186）。

尋找流通量大、形狀又特殊的品種

即使是流通量大的熱門品種，還是能找到形狀特殊的植株。原本要往上生長的枝節，刻意用繩子誘導往旁邊生長；意圖使根部由下往上攀伸（參考P28）；刻意將盆缽傾斜栽種好幾年，讓植株產生方向混淆來打亂樹形。即使是常見而普及的品種植物，也能靠創作者的技術打造出令人耳目一新的盆景。

挑選

享受氣根和綴化

Root

觀賞根部的樂趣

你有看過宮古島等南方小島上所生長的巨大細葉榕嗎？應該多少有看過從粗大圓潤的樹幹上垂吊著像鬍鬚的根吧？那些根叫做「氣根」。氣根會隨著植株生長朝著地面延伸。有許多植物玩家很享受它們帶點神聖氣息又獨特的形狀。

右圖的羽葉蔓綠絨和其他蔓綠絨的同伴，都是能欣賞氣根的代表品種，不過市面上也有流通沒有長出氣根但能看到根部形狀的品種。這種形狀叫作「提根」，是玩盆栽和觀葉植物的樂趣之一。

FORMA CRISTATA

享受獨特模樣的綴化

你是否看過形狀特殊的草莓或蔬菜呢？在生長期內產生變化導致變形就叫做「綴化」。觀葉植物也有綴化的品種，尤其是多肉植物和仙人掌，從以前就備受玩家喜愛。

一開始挑選一般形式的樹形回家，即使過了五年、十年，形狀還是會維持得一模一樣。但若經過綴化，即使是同種類的仙人掌，經年累月最終會長成完全不同的模樣，形狀的協調性也會完全不同。「不知道最後會長成什麼樣子」就是綴化的魅力。

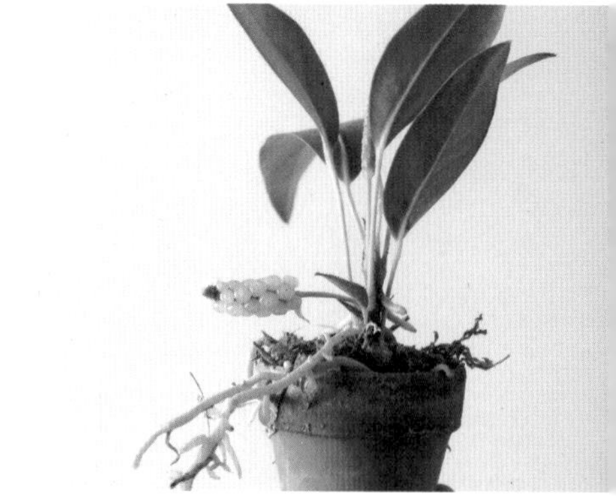

與多肉植物生活

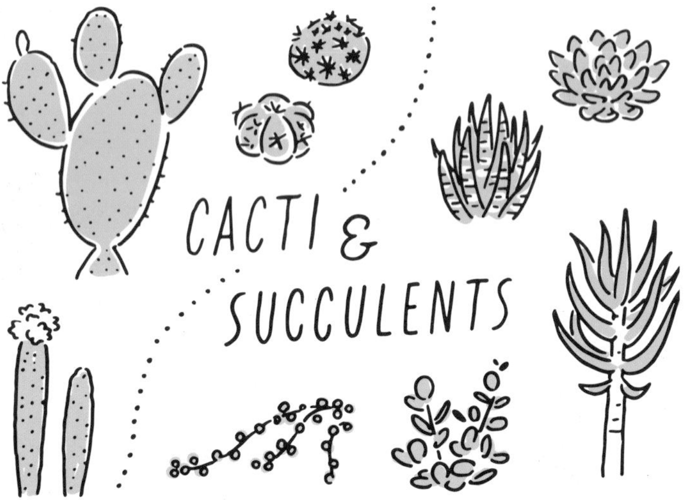

配合環境進化成有個性的姿態

被多肉植物的可愛模樣所吸引，而在家中至少擺個一兩盆多肉的人應不在少數，而對尚未感受多肉植物魅力的人，我們向創意多肉組盆的代表店家TOKIIRO 請教了有關多肉的魅力。

——多肉植物有好幾千個品種，它們的共通點就是葉、莖和根部內部可以儲水。主要原產地在中南美洲和南非的乾燥地帶。為了適應嚴酷的環境而進化成各種模樣是多肉最大的魅力。多肉是個會讓人納悶「為什麼會長出這種顏色和形狀」的植物，在日本從江戶時代起就常被當作園藝植物栽種。葉色可以配合

四季變換轉紅的模樣，也是它的魅力之一。

喜好陽光的多肉植物，其實有許多品種不適合當作室內植栽。請將多肉擺放在陽臺或庭院等戶外，或是室內陽光能直射的地方。日照不足會導致植株長成細細長長的「徒長」，此時要趕快改變放置場所。多肉和其他植物一樣，也需要擺在空氣流通的地方。澆水方式依種類和放置環境會有所差異，但基本上是兩週澆一次水，待土壤乾燥後，再完整澆水至盆底滲水為止。雖然多肉植物容易給人「不用澆水也能活」的印象，但其實多肉很需要水分，只是因為葉片可以儲水，澆太多水只會造成水分過多，請謹記多肉只要「比其他植物還少的水」即可。

挑選

享受多肉植物的組合變化

在盆缽裡拓展多肉的小宇宙

TOKIIRO會利用多肉植物進行創意組盆。在小小的盆缽內將多肉組合成像捧花的模樣。出自盆缽工藝家之手獨一無二的陶器，搭配上各式各樣的植物森林。在小小的盆缽裡，誕生了富有深度的世界。

多肉植物也能做成花圈，這是TOKIIRO的原點，用豐富多樣的多肉裝飾單調的牆面。

從多肉花圈延伸，還能用水苔和附生板做成宛如版畫的裝飾；立體畫能隨著時間享受植物生長所帶來的變化。此外，利用懸吊式盆器種植多肉，也能以垂吊的方式當作居家裝飾。可以自由發揮創意也是多肉最大的魅力。

在小小盆缽內拓展宛如森林的小宇宙，是 TOKIIRO 的創作。在喜歡的小盆缽底部鑽孔，來享受合植的樂趣吧！詳細步驟請參考P76。

挑選盆缽的基礎

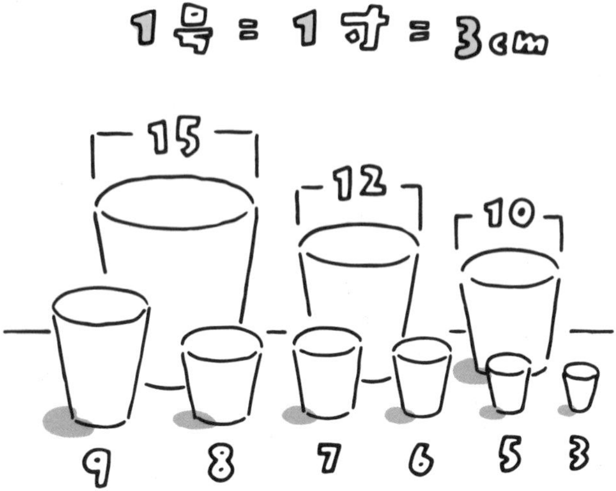

選擇盆缽和盆套的大小

盆缽的尺寸以號數來表示。1號的直徑和高度約3cm，以盆缽最大的直徑來決定號數。而直徑24cm的盆缽就是8號，以此類推。即使是同樣號數，高度也不太一樣。較低的是淺盆，較高的是深盆。

盆缽如果放進盆套內剛剛好，就要特別注意尺寸大小。如果盆套過大又深，放進盆套內盆缽裡的土就照不到陽光，且通風不良會使植株發霉。

又大又重的盆栽，建議使用可移動的附輪盆套。在要打掃或是空間更改配置等要頻繁移動時會比較輕鬆。

挑選盆缽的材質，要看外觀還是功能？

盆缽是居家擺設很重要的關鍵。一定會想選個適合植栽、但外觀也好看的盆缽吧？植栽剛買來時，大多是用塑膠盆器或是黑色塑膠容器裝著的狀態，雖稱不上好看，但對植物生長來說卻是不錯的材質。所以不需要一買來就立刻換盆。用有設計感的盆套也是彌補外觀不足的一種方式。此時可選用編織籃，或是底部沒有洞的陶器等材質的盆套。

盆缽有陶瓷、水泥、金屬和木頭等各種材質，對植物最好的材質就是素燒赤陶土。優點是透氣性佳，即使在冬季澆水也不易凍根。

裝飾

挑選盆鉢和盆套的樂趣

形狀、材質、顏色、尺寸，和植物的組合搭配無限大

讓我們來找到適合居家擺設的盆鉢和盆套吧！就像喜歡的料理要搭配美麗的餐盤擺盤點綴一樣，植物和盆鉢也要互相搭配。最近有很多形狀特殊的盆鉢，和植物的形狀搭配變成無限多種組合。如果覺得自己換盆的難度很高，可以一開始就在園藝店挑選種在喜歡的盆鉢裡的植栽。

在此也要介紹一些推薦的盆鉢、盆套店家和盆鉢工藝家，可以當作挑選的參考。

此外，店內的庫存會隨時變更，店家資訊會統一整理在P218，可以上官網查詢確認。

AYANAS

這裡販售具有設計性能融入家居的盆缽，和以園藝角度便於使用又具獨特風格的盆缽，當然也有基本款的盆缽。看似普通卻又獨特的簡約設計是 AYANAS 盆缽的魅力。

〔AYANAS/ 店鋪資訊請見 P218〕

SNARK

SNARK建築事務所出品的鋼製系列產品，工業風設計和烤漆的色調很適合居家空間。也有販售盆套和可直接種植的盆缽。

〔SNARK/ 店鋪資訊請見 P220〕

IRON

HACHILABO

過於樸素太單調的盆缽，和雜亂無章的植物很不好搭配……HACHILABO 聽見客戶的心聲，提供了「極富韻味可突顯植物的盆缽」。以陶藝家的盆缽為主，豐富的品項一定能滿足講究品味的客戶。

〔HACHILABO/ 店鋪資訊請見 P220〕

aarde

老字號的盆缽中盤商「近江化學商事株式会社」，以個人戶為消費族群所成立的網路商店。魅力在於品項的豐富程度不輸專賣店。你一定能在這裡找到喜歡的尺寸、風格和材質的盆缽。

〔aarde/ 店鋪資訊請見 P220〕

ROUSSEAU

ROUSSEAU 的品牌魅力在於獨創的玻璃盆景。宛如礦物結晶的多面體玻璃充滿了詩情畫意的氛圍。盆器除了能種植多肉，也能加水變成花瓶或水培。品項繁多，請直接上社群網站查詢。

〔ROUSSEAU/ 店鋪資訊請見 P222〕

Flying

Flying 主要從事空間展演、展場設計，及執行活動企劃和企劃研發等工作。並善於運用鹿角蕨的附生板和苔球用盆器等道具，讓室內空間一瞬間提升格調。

〔Flying/ 店鋪資訊請見 P219〕

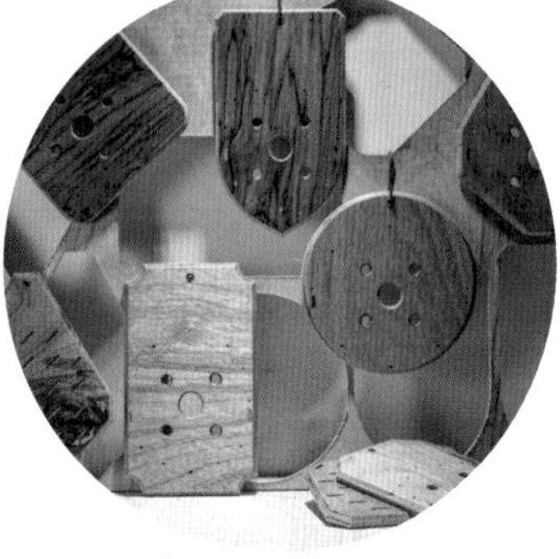

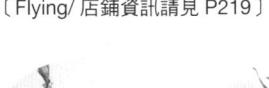

裝飾

menui

店內販售了可融入自然風、亞洲風、洗舊風、北歐風和鄉村風等不同風格家居的編織籃。請務必買個盆套回家試試！編織籃專賣店 menui，網羅了世界各國各式各樣的編織籃。鐵製吊籃和鐵皮灑水壺都和植物很搭喔！

〔menui/ 店鋪資訊請見 P222〕

ideot

可以自由選擇盆套材質是 ideot 的特色。不僅販售生活雜貨，就連伊朗的遊牧民族製作的傳統純手工地毯「波斯地毯」的盆套也買得到。除此之外也有販售兼具傳統和摩登的圖騰盆缽。

〔ideot/ 店鋪資訊請見 P221〕

聚集在日照充足的地方

日照充足的窗邊是植物的特等席

明知日照充足和空氣流通的地方對植物來說很重要，但現實生活中卻不是每間房子都能照射到燦爛的陽光。只能在目前我們所居住的環境中，盡量找出理想的空間。這時就建議大家「把植物集中在日照充足的地方」。盆缽可以擺在窗邊，或利用板凳或桌子將小植栽放置於日照充足的高處指定席。在考慮室內空間和家具配置時，最好先將「植物專屬桌」或棚架放置在日照充足的窗邊。想要與綠意長久共存，請務必以「植物優先」！

集中至植物專屬空間

如果植物分散在家裡的四處，倒不如將它們全部集中在同個區塊。除了能統一照顧外，一群植物聚在一起也讓人難以忽視它們的存在。家裡若有能讓陽光灑進室內的大窗戶，建議把植物都放在日照充足的窗邊。即使植物的數量較少，只要留下一面牆打造出植物的空間，就能讓人感覺這是個「綠意盎然」的家。好比在家只插一枝花，一大把的花束更能讓人印象深刻。依照心情把一些小飾品、裝飾物和植物擺在一起或替換位置，也能增添趣味。

利用裝飾棚架打造園藝店風格

利用有高度的棚架讓日照效率更佳

雖然上一頁介紹了將植物放在特等席……等的資訊，但如果想把灑進房間裡的寶貴陽光盡可能照到更多植物，使用有高度的裝飾棚架也是不錯的方法。

將植物全集中在一塊，並置於房間的一隅就能營造出宛如植物園的氣氛。我之前住的家裡窗邊也有放置有高度的棚架，我將那裡設為植物專用的棚架。使用有高度的棚架的重點，就是要擺放「葉片會垂下的植物」。擺放風不動和絲葦等這類莖幹會攀爬並下垂的植物來產生變化，空間上會更有層次感。推薦使用開放式層架組、直梯和馬椅梯等梯形架來當裝飾棚架。

讓莖幹攀爬支柱，或加入葉片會垂下的植物，就能打造出不單調的陳列空間。此處使用非洲茉莉和風不動。

利用木箱做成的棚架。若想用高度做出變化，還是棚架比較方便。

〔MIDORI 雜貨屋販售 / 店鋪資訊請見 P222〕

意識到「高低差」的裝飾

利用植物的大小和棚架製造高低差的變化

意識高低差是裝飾技巧之一。比如地上放了兩三盆盆栽，可以將其中一盆放到板凳或小桌子上，即使在棚架上擺滿了小植栽，也能將高度不同的植栽並排於其中。也可以使用盆缽架，或是從上面垂吊植物，也是營造高低差效果最顯著的方法（參考P68）。

建議從植物尺寸中找出大中小來做變化。像左頁的插畫一樣，將三種不同大小的盆栽擺成三角形，只要意識到三角形的形狀，就能擺放出盆栽的協調性。

臉朝上的植物就要擺在較低的位置

你有注意到植物也有「臉」嗎？植物也有它最美的角度，從哪個方向所看到植物最美的模樣，就是植物的臉。

以龍舌蘭來說，因為它的臉朝上，所以從正上方往下「俯瞰的構圖」是最美的。像這種類型的植物，就要放在與腰齊高的矮櫃，降低裝飾的高度。擺放在盆栽旁的小物也盡量選用由上往下看形狀最佳的單品。

尋找適合居家擺設的植物，就是植栽的樂趣之一。

打造夢幻的綠意空間

將不同形象和形狀的植物搭配組合

人們應該很嚮往住在充滿植物的家裡吧？如果已經熟悉怎麼挑選和照顧植物，就能擺放更多植栽，打造出屬於自己的綠意空間。透過異國風情品種打造出亞洲度假風；透過珍稀植物當作收藏品做出充滿曠野風格的居家擺設；透過沉穩厚實的觀葉植物讓北歐風格更顯溫潤自在……等。植物本身會帶有原產地的氣氛，可以運用植物散發出來的氛圍，讓室內氣息更加活躍。

利用植物裝飾室內，可以試著刻意將許多不同形狀的植物並排在一起，或是將葉片生長方向相異的植栽組合排列出像是叢林般複雜的空間，享受充滿律動感的配置樂趣。

裝飾宛如畫作的植物

Flying

由 Flying 親自設計的獨創附生板。〔Flying/ 店鋪資訊請見 P219〕

把植栽當成畫作掛在牆上裝飾

像畫一樣把植物掛在牆上吧！蘭花、蕨類、空氣鳳梨等，附生在樹木和岩石上的附生植物，只要利用透水性、保水性和通風性佳的材質栽種，幾乎都能順利附生在上面。常見的附生材質有蛇木板、流木和溶岩石。這是從很久以前的農家和園藝家所流傳下來的做法。依照此種做法，可以享受植物掛在牆壁上的樂趣。最近的附生板設計感十足，也因設計師和居家擺設的角度，讓附生板產生了全新的價值觀。與以往相比，在店面看到附生植物的機會變多了，要不要試著挑戰看看呢？在Ｐ８０有介紹上板方式。

NY

裝飾

享受獨樹一格的陽臺花園

在戶外環境種植合適的植物

很嚮往自己親手打造庭院，但卻住在公寓大樓內……「陽臺花園」就能幫你完成心願！即使是狹小的空間，只要花點心思，也能打造出個人專屬的園地。

雖說植物喜好陽光，但也要挑選適合炎夏的植物。至少能承受夏日炙熱的陽光曝曬及空間反射高溫。一起來挑挑看能在這種情況下養大的植物吧！

仙人掌和蘆薈之類的多肉植物很耐陽光直射，適合種植在陽臺。其他的植物可以參考此書的植物圖鑑，裡面有標註適合種在戶外環境的戶外符號。

陽臺園藝設計師 RIKA 小姐的陽臺（參考 P92）。

面對寒冬和酷暑的應變措施

陽臺不比室內醒目，很容易忘記澆水或照顧植物。因此要挑選耐乾的仙人掌和蘆薈之類的多肉植物。即使土壤被陽光晒得乾巴巴的，也不用過於在意。夏季則要注意別放在冷氣室外機旁空氣不流通的地方。如果陽光太刺眼，可以加裝遮陽網製造陰涼處。此外，寒冬對在熱帶地區生長的植物來說會造成很大的壓力，冬季時記得把不耐寒的植物移到室內。如果地板是水泥地，鋪上軟木塞或木板，可以減緩激烈的冷暖溫差。

裝飾

空氣鳳梨的各種裝飾

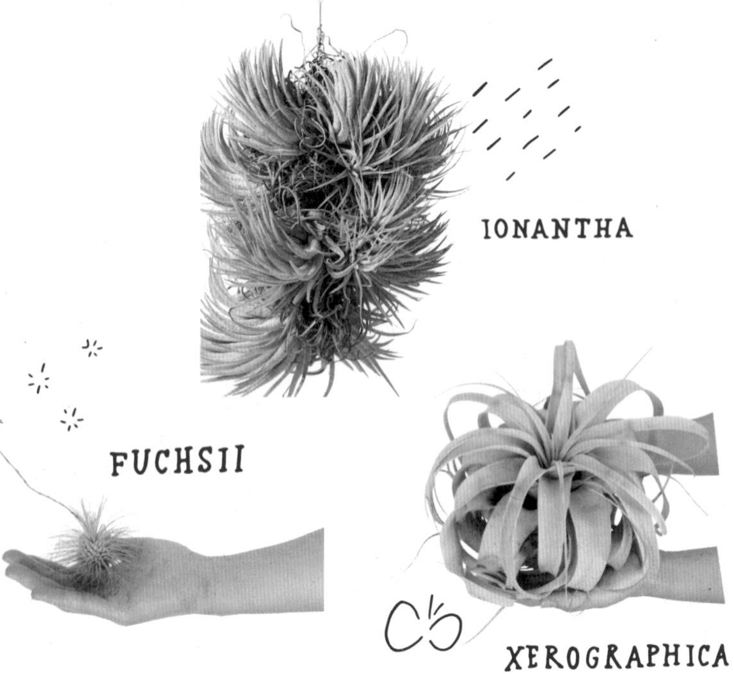

非常受歡迎的小植物——空氣鳳梨

鐵蘭是不需要土壤的附生植物，也被稱為空氣鳳梨，非常受植物玩家喜愛。在原產地附生在大樹和岩石上，用葉片和植株整體吸收水分生長。因此不需要把根種進土裡，可以放進居家雜貨或是容器中，當作裝飾品來種植。這是盆栽所沒有的特殊形態，也是空氣鳳梨獨特的存在感。

空氣鳳梨喜歡待在較為陰涼的地方，如透過蕾絲窗簾灑進室內柔和日光的窗台、或是能閱讀書報程度的明亮陰涼處，也千萬不要忘了「空氣流通」。市面上有數百種不同品種的空氣鳳梨，請務必多加認識。

無處不自得！能擺放在各種場所的魅力

空氣鳳梨最大的魅力在於裝飾的方式豐富多變。可利用玻璃容器、編織籃或是裝飾棚架等器皿，和雜貨一起簡單擺放就大功告成。也能把大型空氣鳳梨從天花板上垂吊下來，或做成乾燥花的形態掛在牆壁上。而且重量很輕，也能掛在大型盆栽的樹枝上或窗簾軌道上，到處都能做裝飾。而且不會沾染塵土，衛生乾淨，很適合擺在飯桌或廚房周圍等不想弄髒的地方。同樣的理由，也很適合當作店鋪展示或辦公室的植栽。但不管是放在哪個地方，都別忘了要確保空氣流通。

Tillandsia

和玻璃容器很搭的空氣鳳梨。放進玻璃球能享受瓶中花園的樂趣，也可放在懸吊式容器垂吊下來。不過要注意不能放在密閉空間，「確保空氣流通」是絕對關鍵。

輕盈的空氣鳳梨不論在哪個場所都很適合垂吊。掛在大型觀葉植物的枝幹上也很有味道。

Air Plants

在盆栽的土壤上會鋪上鋪面石或木屑等覆料，主要是為了防止土壤乾燥和害蟲侵害，裝飾的效果也很不錯。而在空氣鳳梨上使用覆料則能收畫龍點睛之效，被毛狀體（長在葉片表面的細毛）覆蓋的植株，被陽光照射時會散發出耀眼的光芒。

裝飾

享受晶瑩飽滿的苔蘚玻璃盆景

GREEN LIFE

光看就很療癒的玻璃小森林

使用苔蘚植物做出來的盆景，是目前最受歡迎的小巧綠意。我們向目前正在舉辦體驗工房的 Feel The Garden 苔蘚玻璃盆景創作家——川本先生請教有關苔蘚玻璃盆景一事。

——即使想在家放置觀葉植物，但室內空間不足，日照也不佳。而且也怕小孩子或寵物會去碰到泥土，也怕會忙到沒空澆水。為了這些族群，我們想到了解決的辦法，就是利用苔蘚做出的玻璃盆景。將苔蘚、砂粒、石頭和公仔放進密閉的玻璃瓶內，做出森林或山林的風景。只要幾個禮拜澆一次水，即使放在耐陰的陰暗室內也ＯＫ，是個能在都市忙碌生活中獲取一絲療癒的存在。

瓶底的風景中，有草食動物和登山者的身影。矇矓地眺望盆景，似乎就能忘卻忙碌的日常生活。可以自己 DIY 做出獨創的玻璃盆景（參考 P78）。

裝飾

在日照不足處擺上裝飾物

所有活的植物都需要陽光

或許你會想在無窗的房間或廁所裡裝飾綠意，但沒有任何植物能在沒有陽光的地方生存。植物無法靠螢光燈和白熾燈進行光合作用。如果真的很想在陰暗的環境享受綠意，可以試著用乾燥花、花圈或植物標本來做裝飾。用自己喜歡的植物做出獨特的花圈和標本。而修剪下來的植物枝葉，能當作切花來裝飾。即使是乾燥花，也別有一番風味。

圖為2010年時我做的植物標本。把鮮花、風乾的鮮花、枝葉、果實、種子、根和枯萎的植物密封在玻璃瓶內。

利用植物和花朵做出各式各樣的裝飾物

還是很想享受真正植物魅力的人，可以嘗試用花草樹木製成的裝飾物，如將乾燥花做成花束掛在牆壁上的吊掛花束，或做成花環和花圈都相當受歡迎。以花草為主製成的綠意擺飾非常多，可以融入自然風格的居家擺設內。

而近年來人氣攀升的植物標本也很漂亮，不只用鮮花，還能用枝葉和果實做成標本。將喜歡的植物自由組合搭配，還能輕鬆自製是植物標本受歡迎的原因。此外，在過節時擺上聖誕花圈，季節植物也能為生活增添氣氛。

適合融入綠意的動植物元素小物

在擺放小型觀葉植物時，順便搭配上雜貨和裝飾物吧！如果不知怎麼搭配，建議使用動物、植物、礦物等自然元素會更容易融入家居。想像在自然環境下栽種植物，挑選具有森林風景的道具就覺得很有趣。材質可選自然環境會有的石頭、植物或編織風格的物品。異材質則以玻璃和鐵件最容易搭配，裱框的海報或照片之類的藝術品也不錯，思考和植物的對比性來進行搭配吧！

ROUSSEAU

將自然生物的一部分做成標本密封進玻璃框內的「A piece of nature」系列商品。靜謐的氛圍，和多肉植物、空氣鳳梨超搭！

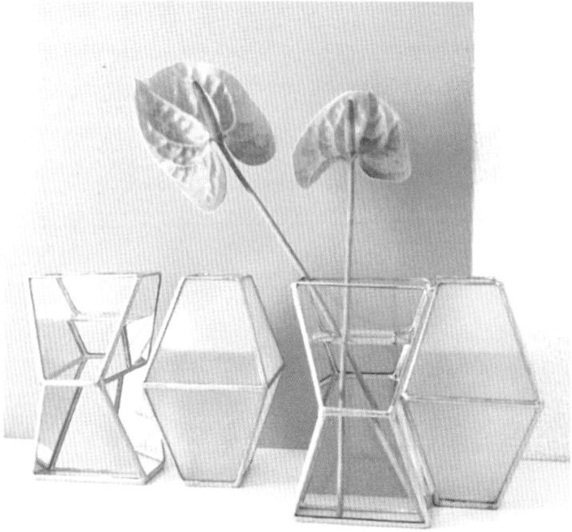

以梯形組合而成幾何圖形的花瓶。將庭院和盆栽的植物剪下來裝飾在裡頭也很有趣。ROUSSEAU 的單品，也能做成玻璃盆景（參考 P43）。

〔店鋪資訊請見 P222〕

吊掛

懸吊植物的裝飾

Hanging

狹小的空間也能裝飾很多植栽

想把綠意裝飾得很時尚，就不能不用到吊籃。把植物用勾子從天花板上垂吊下來，或是掛在窗簾滑軌和吊燈滑軌上，就能營造出綠意空間。在狹小空間或房間內，也能垂吊大型植物，這就是懸吊裝飾的魅力。

葉片下垂的植物很適合作垂吊裝飾。許多店家都會以懸吊盆器在門口掛些絲葦或近似於毬蘭同伴的植物。若是掛些像是鹿角蕨（參考P72）這種型態極有存在感的植物，會讓室內空間瞬間改變形象。

各種垂吊方法

垂吊植物的方法，可以另外用有掛勾的懸吊盆器，和用棉麻編織的繩結編織籃或竹籐編織籃垂吊，或是材質輕巧、有排水孔的盆器。

租屋處不太方便在天花板或牆上鑽孔，雖然利用窗簾滑軌是最方便的，但如果不想掛在窗邊，也很推薦使用洞洞板。只要將板子立在牆邊，就能掛上許多植物。懸吊式盆器的排水，必須放在戶外讓水確實流乾，待水流乾後再掛回原本的位置。

吊掛

吊掛

鹿角蕨的懸吊裝飾

不需要土壤，便於垂吊

熱門蕨類植物鹿角蕨，還有另個名稱叫作蝙蝠蘭。長得很像會在吉卜力動畫裡出現的奇妙姿態，學名就叫「鹿角蕨」。蝙蝠蘭原本是附生在樹木和岩石的附生植物，除了盆種外，還有以附生在苔球、附生板和流木上的形態在市面上流通。附生在苔球上的重量很輕，垂吊裝飾也很ＯＫ，當作居家擺設的裝飾物也很賞心悅目。大型鹿角蕨還能當作很有存在感的主樹。在Ｐ５４、Ｐ８０都有介紹上板步驟。

吊掛

用異國風編織吊籃懸吊植物

只需要一個植物編織籃 就能讓室內變奢華

因編織的排列花紋而誕生的繩結編織，近年來受到非常多人喜愛。我們向繩結編織家萩野昌先生請教有關繩結編織的細節。

——我在加州的二手商店第一次看到繩結編織時，就被這條在七〇年代做出來的美麗編織掛毯給深深吸引。繩結編織不管是在歷史悠久的莊園古宅，還是在摩登幹練的現在居家都非常適合，繩結編織就是具有這股不可思議的魅力。若要用吊籃垂吊，建議搭配絲葦這類葉片會垂下的植物。這類植物光是垂吊就能不斷生長，讓室內空間變得更華麗。

萩野先生所編織出的繩結編織籃，圖騰細膩美麗，還能保持日照充足空氣流通的狀態，是吊籃的優點。萩野先生家裡垂吊的絲葦曾開過好幾次花呢！

空氣鳳梨也是適合垂吊裝飾的植物

空氣鳳梨是個很適合垂吊的植物。用吊籃垂吊讓陽光照遍葉片，有放大空間的效果。這對容易悶熱的空氣鳳梨來說也是項優點。

覺得每次澆水都要把盆栽從編織籃取出很麻煩的人，可以選擇底部無孔的盆缽。但如果盆底有孔，只要在底部擺上水盤再一同放入編織籃即可，不用擔心植物會在室內漏水。

挑選喜歡的盆栽，和簡單可自行編織的繩結編織吊籃，來做組合搭配吧！

DIY

How to

多肉植物合植步驟

材料

- 盆缽（缽底有孔）
- 盆底網
- 花剪
- 鑷子
- 木鏟
- 鐵絲
- 鏟子
- 多肉植物用土
- 多肉植物苗

1

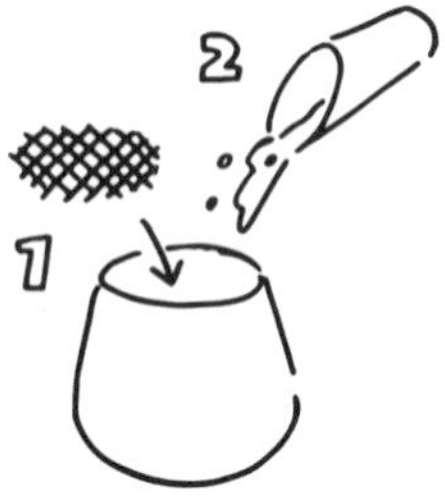

在盆缽內鋪上盆底網，再倒入約1/3滿的泥土。

2

準備多肉苗。用鑷子夾住多肉苗的正中間從土中取出。較大株的苗可先用手輕撥土壤再一邊分株，根部帶著土也沒關係。

3

將組合好的多肉用手抓成一束，放進盆缽內。

4

調整成想要的形狀，一手抓住多肉，一手從旁倒入土壤。植株不要拿得太高，讓多肉苗確實固定在土壤裡。

5

不斷重複用木鏟輕壓土壤，再不斷加土直到多肉苗穩固在盆內為止。土壤大約離盆緣有5mm的高度即可。

6

用花剪修剪出想要的形狀，如果想要追加多肉苗，就用折成U字型的鐵絲調整多肉苗的位置即可完成。

DIY

How to

苔蘚玻璃盆景製作步驟

材料

- 玻璃瓶（或玻璃藥罐）
- 苔蘚（白髮蘚、大檜蘚等）
- 裝飾用砂石
- 滴管
- 鑷子
- 玻璃盆景用土
- 噴霧器
- 公仔

〔模型完成品的販售資訊請見 P219〕

1

將土倒入玻璃瓶中，加水讓整體濕潤，再用滴管吸取多餘的水。

2

放入裝飾用砂石和土。用花剪把帶土的白髮蘚剪下，用鑷子一點一點夾取，並種入瓶中。

3

將幾株大檜蘚的苗抓成一束再把尾部剪齊，用鑷子直立夾起插進土裡。

4

再用其他不同色調的裝飾砂石做出風景。如果砂石會滾動，可加水沾濕以固定。

5

用噴霧器把內部清潔乾淨，再用鑷子夾取衛生紙把瓶內側擦拭乾淨。

6

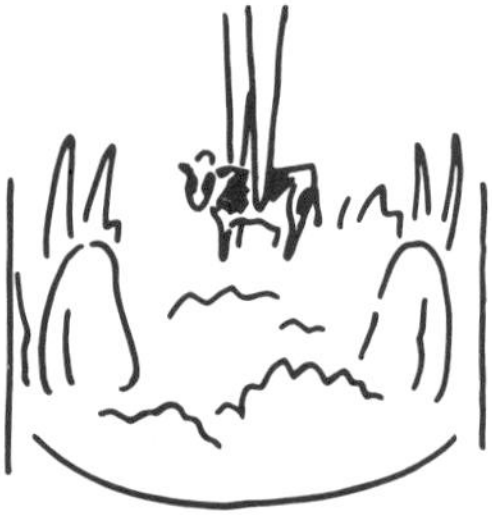

用鑷子夾取公仔配置在瓶內，調整砂石間的協調性即完成。

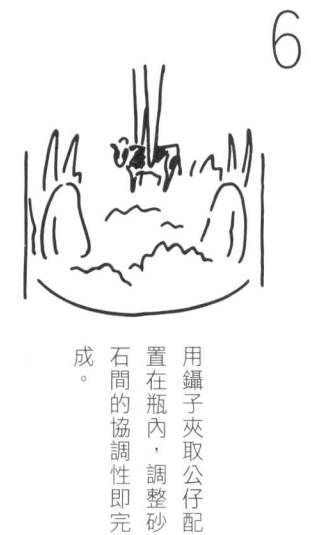

DIY

How to

鹿角蕨上板步驟

材料

- 鹿角蕨（若有帶土必須把泥土沖洗乾淨）
- 附生板（這次使用專用附生板，若要使用杉木板，可鑽孔或釘釘子固定植株）
- 水苔
- 椰塊（園藝用培養土，沒有也沒關係）
- 釣魚線（6 號）
- 透明線
- 花剪

1

將泡在水裡的水苔擰乾，做成甜甜圈的形狀放在附生板上，做出基底。在基底凹陷處塞進濕潤的椰塊。

2

在鹿角蕨的根部周圍塞滿水苔。如果根部沾到土壤，每次澆水時就有可能會跟著流出，所以上板前要把土壤沖洗乾淨。

3

將植株放在基底上，再調整成圓形。鹿角蕨會沿著水苔表面將儲水葉伸展開來。形狀調整完畢後，把釣魚線穿過孔洞，將植株確實固定在附生板上。

4

用釣魚線把植株固定在附生板上。如果板子上沒有洞，記得加釘釘子，讓釣魚線纏繞在釘子上。此時要注意釣魚線不可妨礙到植物生長。

5

為了不讓水苔掉落，用透明線確實固定住。輕輕纏繞在水苔上，再繞到板子後方，各個方向都要確實纏繞，至少要繞15圈以上才會固定。最後把線剪斷，線頭塞進水苔內。

Complete!

DIY

為植物製作名稱吊牌

自製自家風格的園藝吊牌

你能正確說出種在家裡的觀葉植物的名稱嗎？有許多以學名稱呼的植物，名字都非常複雜。寫在吊牌上以防自己叫不出名字吧！

園藝栽培除了會在植物旁寫上名字外，一般還會標註栽種日期等對園藝有幫助的資訊。以「園藝吊牌」的關鍵字搜尋，就會找到許多以塑膠或木片所製成的商品。和在戶外要經歷風吹雨打的花壇不同，室內園藝可以自己用厚紙板DIY園藝吊牌。試著做出適合居家擺設的吊牌吧！

吊牌可掛在枝幹上或插進土裡。小型仙人掌就很適合插入細長的旗幟。

市面販售許多插牌和吊牌，可以和植物搭配使用。

DIY

準備齊全的園藝工具

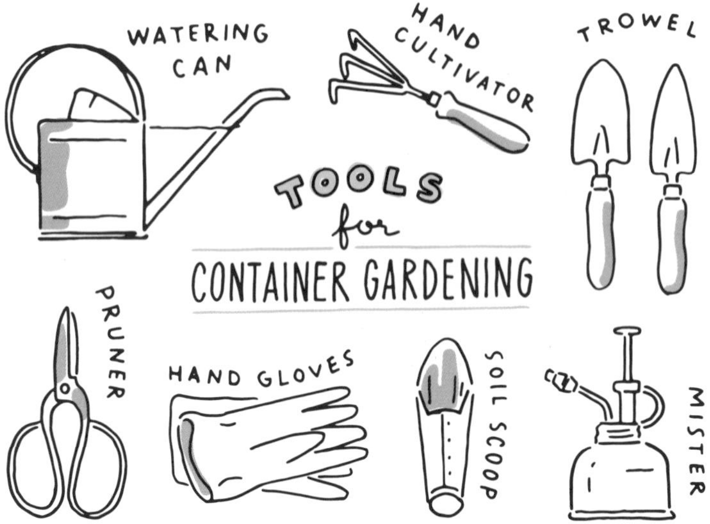

挑選自己喜歡的園藝工具

充滿綠意的居家空間，需要花點工夫讓綠意維持得更長久，如：在葉面灑水、換盆……等作業。這裡要介紹使綠意生活更加便利的園藝工具。

工欲善其事，必先利其器！每次澆水都要用到的灑水壺和噴霧器，先來挑個自己喜歡的款式吧！如果家裡有庭院或陽臺，有個捲線式水管也很方便；翻土時，鏟子、圍裙、橡膠手套和棉紗手套，缺一不可；修剪枝葉就要使用園藝剪。將相關的器具準備起來，看起來有模有樣的也能增添不少樂趣與成就感，另外還要準備一個專門收納園藝工具的收納包或收納箱，讓居家環境維持整潔。

VOIRY STORE〔店鋪資訊請見 /P221〕

設計感十足的灑水壺，隨便擺放在一隅也很美觀。在這裡找出適合居家擺設的灑水壺吧！〔VOIRY STORE 販售 /JORRO BLUE〕

買了大量工具後，就把這些裝進大型托特包吧！有塑料和尼龍材質，建議購入輕薄、容量又大的收納包。〔VOIRY STORE 販 售 /TDB BASIC TOTE NAVY〕

換盆、翻土時必備的棉紗手套。不想用常見的白色手套，就挑一雙看起來賞心悅目的手套吧！〔VOIRY STORE 販售 /VOIRY 棉紗手套〕

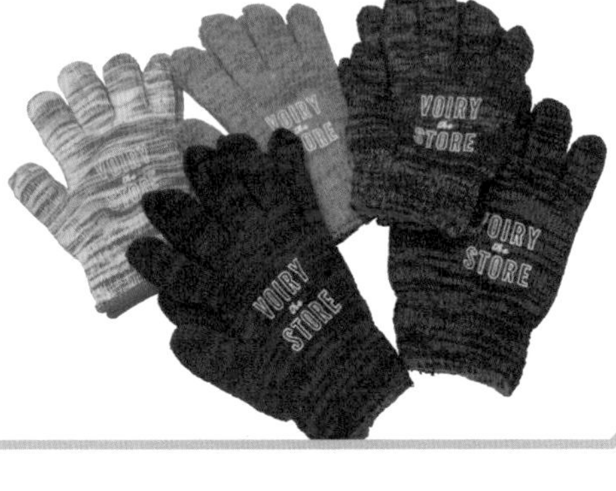

色彩豐富的日本製灑水壺。貼心的滑蓋設計不用擔心水會灑出來。有 4L 和 6L 的容量大小可挑選。〔Royal Garden's Club 販售、takagi 株式　社製造 / 園藝灑水壺 4L 可可褐、香草黃、湖水藍〕

Royal Garden's Club 〔店鋪資訊請見/P221〕

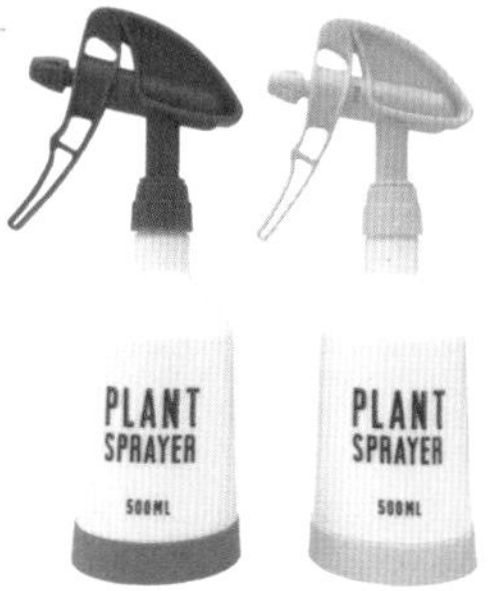

波蘭製的噴霧器。不只在押下去的時候會噴水，連手指放開也會噴水，十分便利。可當作每天幫葉面灑水的工具。〔Royal Garden's Club 販售〕

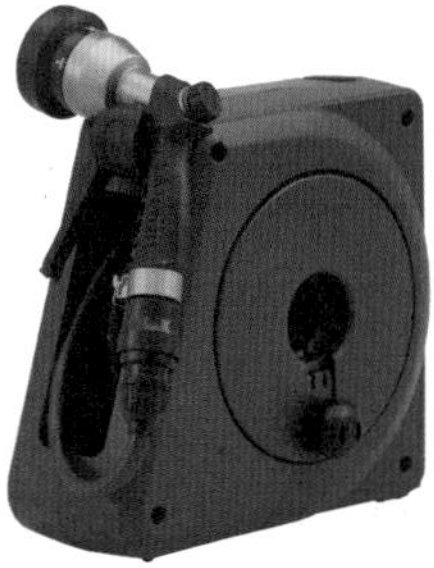

家裡有庭院或陽臺，可以對水管講究一點。〔Royal Garden's Club 販售、takagi 株式会社製造 / 輕便型園藝捲線式水管 II 10m 綠〕

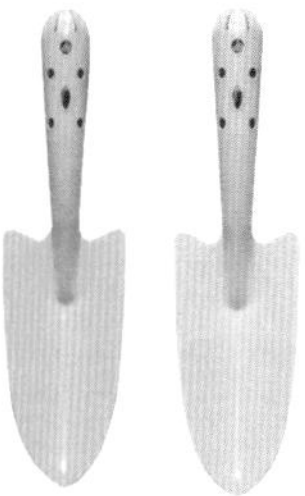

以花命名，色彩鮮豔又可愛的 FIELD GOOD 系列商品。在以金屬工藝聞名的燕三條製作而成，品質有保證。〔Royal Garden's Club 販售、永塚製作所製造 /FIELD GOOD ABOVE 鏟子粉（波斯菊）、白（蒲公英）〕

園藝剪給人的印象很大一把，手小的人不便使用，但這是專為亞洲人的手掌大小設計的園藝剪。只要有一把就能搞定修剪作業。〔Royal Garden's Club 販售 /SYU 鮮花花剪銀〕

case

植覺滿滿的綠意生活

case 1

浜島輝先生

現居和歌山縣，34 歲的上班族。與妻小和兩隻狗狗住在挑高的獨棟小透天。綠手指經歷約五年。種植的範圍廣泛，包括鹿角蕨、空氣鳳梨和塊根植物。

@botanical.0715

挑高客廳打造出不同凡響的綠意空間

浜島先生家，讓人看了第一眼就喜歡得不得了！充滿開放感的挑高客廳，垂吊了滿滿的植物，令人感覺身處於熱帶雨林中。家裡充滿了鹿角蕨、空氣鳳梨和塊根植物。

——因為蓋了這間房子，開啟了我和植物的生活。天花板挑高讓家裡顯得非常寬闊，也促使我想打造出不同以往的居家視野。利用垂吊植物和盆栽的組合，營造出彷彿戶外的空間。「植物來我家」就是一切的起點，為了能和它們長久相處，最重要的是每天細心觀察，就像守護自己的孩子般，愛護它們、看它們成長。

01

02

03

[01] 令人印象深刻的客廳。為了這些植物，天花板的吊扇 365 天從不打烊。[02]浜島宅邸的庭院景觀樹也很壯觀！[03] 窗檯架上整齊排列著多肉植物和等待換盆的盆栽。大多是從網路商店 TOKY（toky.jp），和大阪 targetplants（targetplants.jp）購入。

04

05

06

[04] 利用階梯空間擺上了大量的收藏品，視覺感非常強烈。[05] 廚房餐桌擺放一個大型盆栽，是空間主角。[06] 春季至秋季會將植物集中放在戶外管理。[07] 冬季則把植物集中在客廳。[08] 稀有的塊根植物。[09] 附生植物空氣鳳梨——樹猴。[10] 植物和盆缽的搭配令人難以移開視線。[11] 熱門的鹿角蕨占多數。這是適合初學者栽種、適應力強的「二歧鹿角蕨」。

07

08

09

10

11

case

植覺滿滿的綠意生活

case 2

RIKA 小姐

為了想向更多人推廣植物和綠意空間的美好感受，RIKA小姐身兼陽臺園藝設計師和MIDORI雜貨屋的經理職務。

@skipkibun_rika

在城市公寓裡
也能享受憧憬的園藝樂趣

「雖然住在公寓，但也想要有個被植物包圍的庭院」……將此想法化為實體的，就是陽臺園藝設計師RIKA小姐。她在小小的公寓陽臺打造出完全超乎想像的綠意空間。

——自從二〇〇七年搬到公寓後，我就開始從事陽臺園藝的工作。在有限的空間內，能放置的植物數量也有限。可以利用木箱或圍籬來做出高低差，或是用雜貨裝飾牆壁和地板。不只是玩植物，也是在享受整體空間帶來的幸福氛圍，能實際感受到親手接觸土壤和植物的療癒。我現在正在實現兒時的夢想——被植物團團包圍。

01

02

03

04

[01] 用木板遮蓋水泥地板、用木材或帆布遮蓋牆壁，打造出沒有生活感的空間。[02] 運用廢棄材料重新打造的工作檯。高度無法配合裝飾棚架時，可利用木箱或木板來調整高度。[03] 小小的陽臺特別適合將植物合植。RIKA 小姐提醒各位：「盡量把落葉和掉落的泥土打掃乾淨，不要造成鄰居的困擾。」[04] 要意識到高低差來做出空間感。

case

05

06

[05] 用植物搭配雜貨裝飾的收納櫃。與其擺些相似色調和形狀的物品，倒不如擺些顏色形狀各異的裝飾，看起來更具衝突美感，也能凸顯各自特色。[06] 手工編製的繩結編織吊籃。既然要自己 DIY，就選用自己喜歡的材質、顏色和設計。[07] 在室內陽光照射不到的空間擺上仿真植物。[08] 用蔬果木箱裝著虎尾蘭和姑婆芋。底下附有輪子，移動起來很方便。[09] 非洲圖騰的盆缽種著咖啡樹。植物配合氣候移動至陽臺會瞬間變得有活力。[10] 蒐集許多材質的盆缽和容器，看了就開心。

07

08

09

10

case

植覺滿滿的綠意生活

case 3

HANA 小姐

現居埼玉縣的家庭主婦。喜歡充滿儀式與氣氛的生活，目前過著被綠意療癒的日子。將庭院的綠意帶入了餐桌佈置，也會自己做花圈和吊掛花束來裝飾家居，享受著與植物共存的生活。

@h.m.m.150406

重視綠意與居家擺設的氣氛和協調性

HANA 小姐家的客廳，陽光透過蕾絲窗簾倒映出美麗的光影，孕育出綠意配置十分有格調的空間。

——用植物裝飾家居時，整體協調性十分重要。利用高低差讓配置不會過於單調，再搭配上舊家具、海報和矮凳等道具，營造出慵懶愜意的居家氛圍。在餐桌上擺設鮮花或植物時，風格獨特的盆器就要配上簡單素色的鮮花，固定一個種類就能取得和諧。可以摘些在庭院裡的橄欖葉、尤加利葉、迷迭香或是常春藤來做裝飾，這時也別忘了整體協調性。

01

02

[01] 陽光灑進充滿綠意的客廳，就是人和植物都能感到舒適的空間。就連掛在窗邊的植物圖案海報和放在一旁的鐵桶盆缽都非常出色。[02] 手做的相思樹花圈為生活的季節感加分不少。

case

03

[03]「要找園藝裝飾小物就要去雜貨店！除了鐵皮水桶和編織籃，還有許多裝飾在植物邊可以增加氣氛的小道具。」[04] 香蕉蛋糕旁裝飾了橄欖樹枝。[05] HANA 小姐推薦我們種「絲葦和風不動」，這兩者非常耐旱，很適合放在吊籃上。[06] 漂亮的藤編盆套。

04

05

06

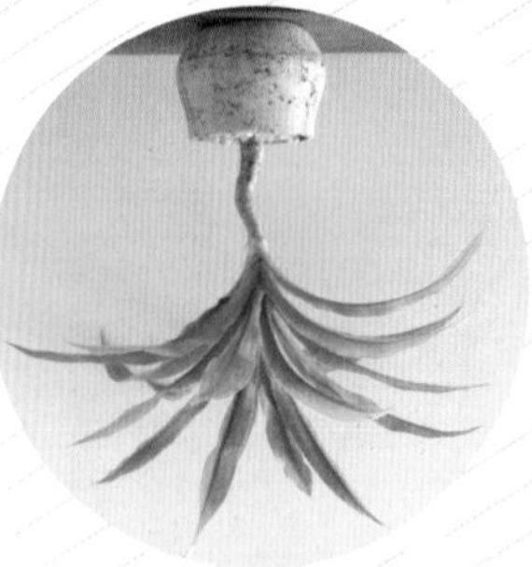

Part 2

現在就想入手的 64 種觀葉植物

這世界上有許多種類的觀葉植物，

怎樣的植物適合我的居家生活呢？

為此，我們請 AYANAS 園藝店的店長境野先生，

幫我們精心挑選並淺顯易懂地一一介紹

時下流行的植物和基本款植物。

1 學名

2 科・屬

3 別名

若有特殊名稱或其他流通名等別稱，會標註於此。

4 名稱

一般通用名稱

5 耐寒性

忍受寒冷強度的圖示。
黑色葉片越多表示越耐寒。

6 尺寸

(S) (M) (L)

刊登在書上的植物實際尺寸。

[S]為桌上型大小；[M]為雙手可捧住的大小；[L]是放在地上的大小。圖中所刊登的植物，即使個體看起來很小，但大部分都可以養到很大株，請以此當作基準值作參考。

7 澆水方法

A p196 **B** p197 **C** p198 **D** p199

適合此種植物的澆水方法。在圖示底下所標註的頁碼，有說明具體的澆水方法。

8 放置場所

適合此種植物的放置場所圖示。[戶外]是指庭院或陽臺；[日照充足的室內]是南向的窗邊等陽光照射得到的地方；[半日照的室內]則是一天之中有幾個小時能照到陽光的地方，或是能看書報程度的明亮陰涼處。

1 Ficus elastica cv.'Apollo'

2 〈桑科榕屬〉

3 別名：阿波羅橡膠樹

4 ## 阿波羅橡膠榕

此為橡膠樹的一種。蜷曲呈波浪狀的葉片是阿波羅橡膠榕的特徵。喜好日照充足、空氣流通的場所。不過日照過於充足，蜷曲的葉片會無法順利展開，所以放置在明亮的陰涼處即可。它會為了尋求陽光照射，而使葉片伸展開來。建議放在面東的窗邊或放在離面西、面南的窗邊稍遠一點的位置。

重點

- ●所有的橡膠樹都非常好養。
- ●氣溫太低或日照不足會使葉片掉落。
- ●冬季時放在窗邊，要小心室溫過低。

5 耐寒性

6 尺寸 M

7 澆水方式 A p196

8 放置場所 日照充足的室內 半日照的室內

Agave potatorum
〈龍舌蘭科龍舌蘭屬〉
別名：雷神覆輪

龍舌蘭・吉祥冠覆輪

原產自墨西哥和美國中部等炎熱乾燥地帶的龍舌蘭。龍舌蘭・吉祥冠覆輪是相當有人氣的品種，自古以來就是十分普及的基本品種。生長速度緩慢，建議給想要買很多小盆栽排在一起欣賞的人栽種。

重點

●此為多肉植物的一種，所以非常注重日照，須放置在陽臺或戶外。

●要特別注意澆水過多或接水盤積水，是造成腐根的原因。

耐寒性

尺寸 S

澆水方式 A p196

放置場所 戶外

雖然圖中的植株為桌上型大小，但能長到直徑約 1 米的大小。

Aglaomorpha coronans

〈水龍骨科連珠蕨屬〉

別名：修飾蕨

耐寒性

尺寸 M

澆水方式 A p196

放置場所

日照充足的室內

半日照的室內

崖薑蕨

有著宛如海綿般蓬鬆根莖的蕨類。這種根具有會在地上攀爬延伸的特性，盆種時會攀附著容器生長。雖然蕨類植物算挺耐旱的，但還是常保濕潤對生長較有利。原產地在高溫多濕的東南亞。

重點

- 用噴霧器在葉面灑水給予濕氣。
- 放在室內容易悶熱損傷，須確保空氣流通。

BOTANICAL

彷彿剪出了缺口般飄逸的細長葉片是其特徵。

Asparagus macowanii
〈天門冬科天門冬屬〉
別名：蓬萊松

松葉武竹

它是蔬菜蘆筍的同類，但這不可食用。蓬鬆的葉片是它的特徵，常被當作切花的材料。除了寒冷地區外，放在不會結霜和吹不到北風的戶外也可以越冬。做成提根造型的植株稀有少見，放在陽臺園藝上具有畫龍點睛的效果。

重點

- 日照不足會造成徒長（莖幹長得細長），要讓植株晒得到太陽。
- 生長速度快，需要頻繁換盆和修剪。

耐寒性

尺寸
M

澆水方式
A
p196

放置場所
戶外

特徵是蓬鬆的葉片。會生長至 2 米左右。

Asplenium 'Cobra'
〈鐵角蕨科鐵角蕨屬〉

眼鏡蛇山蘇

葉片厚實堅硬、帶有明顯皺褶的植物。外觀十分搶眼，非常適合放在玄關、客廳和店鋪等吸引目光的地方。

是時常擺放在辦公室等公共設施的室內植栽山蘇的同伴，耐陰性強，也可放在明亮的陰涼處或半日照的地方。

重點

●耐陰性強，易於栽種。

●要注意紫外線強烈的季節，不要讓植物直射陽光，以免造成葉燒。

耐寒性

尺寸 L

澆水方式 A p196

放置場所

日照充足的室內

半日照的室內

PLANT

是生長於熱帶地區的蕨類植物之一。想找擁
有風格強烈的人可以入手一盆。

Aloe suprafoliata
〈百合科蘆薈屬〉

喜岩蘆薈

扇狀蘆薈的代表品種。葉片會因日照角度不均勻而開始翻轉，請把它放置在可完全照射到陽光的特等席。也因為它有木立性，莖幹會像樹木一樣直立往上長。植株會慢慢長高，莖幹根部會長出像扇子般大的葉子，呈現奇妙的姿態。原產地在南非的山地。

重點

- 雖然是小型蘆薈，也會生長到直徑約30公分的大小。
- 喜好陽光又耐寒，在寒冷地區放在陽臺上可以越冬。

耐寒性

尺寸 S

澆水方式 A p196

放置場所

戶外

日照充足的室內

FULL SUN

外觀就像是未知生物般無法預期，十分搶眼。

Aloe hybrid FLAMINGO
〈百合科蘆薈屬〉

FLAMINGO 蘆薈

此蘆薈如其名，有著如紅鶴般顯色的粉橘色外皮。葉緣一整年都是帶點粉紅的褐色，但一遇寒，所有葉片就會變成鮮豔的紅葉，植株整體會染成粉橘色。

重點

●喜好陽光，可放在陽臺等戶外或可直射陽光的窗邊。

●進入溫暖時序，植株會變成深綠色。

耐寒性

尺寸 S

澆水方式 A
p196

放置場所
戶外
日照充足的室內

OUTDOORS

轉成紅葉的植株。從正中央往上長的花芽，
開出可愛的小花。

Aloe antandroi
〈百合科蘆薈屬〉

細葉蘆薈

看似棒狀的細長葉片為其特徵的小型蘆薈，看起來纖細嬌弱實則意外地健壯。可透過修剪整型（剪去枝節）來分枝，經過反覆修剪能讓枝節形狀生長得更好。原產自馬達加斯加。

重點

● 蘆薈屬於多肉植物，喜好陽光。
● 十分耐寒，在寒冷地區放在陽臺上可以越冬。

C5

耐寒性

尺寸 S

澆水方式 A p196

放置場所
戶外
日照充足的室內

radicans 花燭

帶有紅色光澤的心形葉片而被廣為人知的花燭，此種多根花燭就是它的原生種（沒被改良過的品種）。緩緩下垂的大型葉片，葉脈上有很深的紋路，正是名符其實可欣賞葉片的「觀葉」植物。會開出突起的肉穗花序（佛焰苞），是個可欣賞茂密葉片的品種。

重點

●原產地在熱帶美洲和印度群島。植株不耐寒，要特別小心冬季。

●容易葉燒，小心夏季的陽光直射。

耐寒性

尺寸 L

澆水方式 A p196

放置場所

日照充足的室內

半日照的室內

Rhapis humilis cv. 'Unnann'
〈棕櫚科棕竹屬〉

耐寒性

尺寸 M

澆水方式 A p196

放置場所 日照充足的室內

矮棕竹

自江戶時代就備受日本人喜愛的棕櫚竹。矮棕竹的葉片細長，是有清爽印象的品種。原產地產自中國的雲南省。雖然它給人的印象是會擺在有點老舊的旅館或公共設施中，不太具有存在感，但只要配上時尚的盆缽，就能搖身成為全新的印象。此種植物非常耐陰，放在日照不足的地方也能活得好好的。

重點

●非常耐寒，即使接近0℃也可以越冬。

●雖然十分耐陰，卻不耐乾燥，土壤乾燥後須充分澆水。

很有氣勢的細長葉片是其特徵。配上時尚的
盆缽就能變成南洋風情。

圓葉刺軸櫚

Licuala grandis
〈棕櫚科刺軸櫚屬〉
別名：扇葉軸櫚、圓扇椰子

葉片像扇子般展開的棕櫚，帶有在東南亞度假村的氛圍。放在照得到陽光的地方，葉片上的折痕會更加明顯。耐陰性佳，放在明亮的陰涼處也可以。雖然最近在亞洲植物市場上不怎麼流通，但這種觀葉植物在歐美國家十分受歡迎。

重點

● 在原生地是在植物的遮蔽下生長，須避開強烈的陽光直射。

● 植株不耐寒，冬季要特別注意。

耐寒性

尺寸 M

澆水方式 A p196

放置場所

日照充足的室內

半日照的室內

斑紋口紅花

這在長得像熱帶植物又飄散著十足異國情調的芒毛苔苣中，屬於風格強烈的品種。尤其是葉片茂盛的模樣令人印象深刻。葉片特徵在於表面是綠色，背面卻是紫色。依放置的場所不同，外觀看起來也不太一樣。植株健壯，很適合綠手指初學者。

重點

●耐陰性強，可放在半日照的室內管理。不過若放在陰涼處，會使葉片的花紋變得黯淡，還是建議放在日照良好的地方。

●喜好空氣流通處，也可用垂吊來裝飾。

Hanging

Aeschynanthus marmoratus

〈苦苣苔科長果藤屬〉

耐寒性

尺寸

M

澆水方式

A

p196

放置場所

日照充足的室內

半日照的室內

Aulax cancellata 'Bronze Haze'
〈山龍眼科絲羽木屬〉

耐寒性

尺寸 M

澆水方式 A p196

放置場所 戶外

燭狀絲羽木 Bronze Haze

原產自南非的常綠灌木。特徵是細長有個性的葉片。春至夏季會開著如白色羽毛狀的花朵。植株遇寒，可以觀賞到葉尖轉變成青銅色的有趣變化。修剪下來的枝節做成切花可以活得很久，也可以直接做成乾燥花。在寒冷地區外，可以直接種在庭院當作庭院樹也很OK。

重點

●耐寒溫度以0℃為基準值，冬季也要放在溫暖的地方。

●常被當作庭院樹或陽臺綠意。

CODEX

列加氏漆樹

Operculicarya decaryi

〈漆樹科蓋果漆屬〉

這是很受歡迎的塊根植物之一。灰色的莖幹上長出茂密的小葉片。常看到市面上流通著活用其在土裡粗大蜷曲的根，做成「提根」形狀（參考P28）。用盆栽種植，莖幹很難變粗，但在原生地馬達加斯加的植株，就有長成莖幹粗壯高達數米的大樹。在亞洲可算是流通數量稀少的植物之一。

重點

●在夏季生長期要小心乾燥。

●冬季會落葉進入休眠期，保持乾燥即可。

耐寒性

尺寸 M

澆水方式 A p196

放置場所 戶外 日照充足的室內

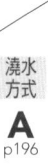

Gasteraloe 'Green Ice'
〈阿福花科獨尾草屬〉

綠冰蘆薈

藍綠色的葉片，是蘆薈和臥牛（近似於蘆薈的多肉植物）的交配種。前端尖細但整體厚實的葉片呈放射狀重疊生長。因整體色調的特徵為冷色系，綠冰的名字命名得唯妙唯肖。是個會頻繁從根部「群生」冒出子株的品種。

重點

● 非常健壯又好養的多肉植物。
● 澆水過多易造成腐根，等土完全乾燥後再澆水。

耐寒性

尺寸 M

澆水方式 A p196

放置場所：戶外、日照充足的室內

呈現三角形又圓潤的葉片十分討喜。同時擁
有蘆薈和臥牛的特徵。

Calathea orbifolia
〈竹芋科竹芋屬〉

青蘋果竹芋

又大又蓬鬆柔軟的葉片是其魅力。泛白的綠葉，沿著葉脈染上綠色，是個名符其實有著美麗葉片的觀葉植物。原產地在南美的茂密叢林裡，很怕夏季強烈的陽光直射。耐陰性佳，即使放在離窗戶有點距離的明亮陰涼處（能閱讀書報的明亮度）也OK。

重點

●喜好多濕，可在葉面灑水或開加濕器保濕。
●植株容易腐根，要選用排水性佳的土壤。

耐寒性 ●○○

尺寸 M

澆水方式 A p196

放置場所
日照充足的室內
半日照的室內

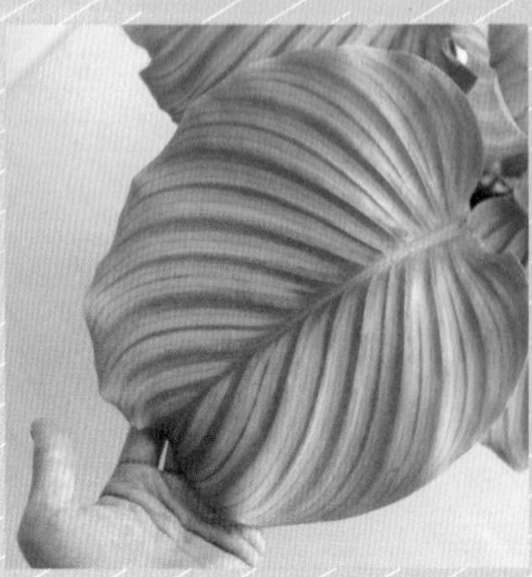

會令人聯想到熱帶雨林的大葉片，非常適合居家擺設。可以搭配雜貨一起裝飾。

細葉榕

Ficus microcarpa
〈桑科榕屬〉
別名：地瓜榕、人蔘榕

此種植物小至手掌尺寸，大至天花板的高度。有標準的提根造型，也有枝幹彎曲的樹形和懸崖式樹形（枝幹從盆缽邊緣往下長的形狀）等，是造型多變的植物。可以從中找出喜歡又適合居家擺設的造型。環境適應力強，依日照狀況會長成截然不同的樣子。日照充足會使葉片長得圓潤有光澤，蒼鬱茂密；而擺在陰涼處生長，葉片扁薄柔軟較為稀疏。

重點

- 較易培育的植物。
- 冬季要避免放在窗邊等氣溫偏低的場所。

耐寒性

尺寸 S

澆水方式 A p196

放置場所

日照充足的室內

半日照的室內

金琥仙人球

這很容易被當成會往上生長的「柱狀仙人掌」，但其實它是「球狀仙人掌」的代表品種之一。會長出不同長度、不同粗細和不同顏色的刺。像戴帽子的刺座（刺的根部的白色部分）給人可愛的感覺。特徵是容易群生。

重點

●仙人掌十分耐旱，冬季注意不要澆水過度造成腐根。

FULL SUN

Echinocactus grusonii f. monst.
〈仙人掌科仙人球屬〉
別名：象牙球

耐寒性

尺寸 S

澆水方式 A p196

放置場所

戶外

日照充足的室內

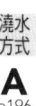

Crassula undulata
〈景天科青鎖龍屬〉

恩圖拉塔

自古就是近似於招財招福的「發財樹」的同伴。這種品種的特徵是有個像荷葉邊呈現波浪狀的葉片。莖幹伴隨成長會像樹木般堅硬及分枝。當作盆栽栽種時別有一番趣味，栽培的過程中會越來越有韻味。此為遇寒能欣賞紅葉的多肉植物。作為吉祥的發財樹賀禮，也能討人歡心。

重點

● 放置在日照充足空氣流通處。建議擺在面南的窗邊。

● 植株健壯好養，適合綠手指初學者。

耐寒性

尺寸
S

澆水方式
A
p196

放置場所
戶外
日照充足的室內

New Guinea Fan 朱蕉

流通量十分稀少的種類。適合給想找獨特植栽為家居帶來畫龍點睛效果的人。帶點紫色的葉片呈現左右交互重疊般展開的扇形。老葉掉落的同時莖幹也跟著直立（莖幹往上直挺生長）。植株如其名New Guinea分布在新幾內亞和澳洲等大洋洲和東南亞地區。

重點

- ●日照不足會導致葉色不佳，盡量放在明亮的室內。
- ●在葉面灑水預防蟎蟲。

INTERIOR

Cordyline fruticosa 'New Guinea Fan'
〈龍舌蘭科朱蕉屬〉
別名：幸福樹

耐寒性 ●○○

尺寸 L

澆水方式 A p196

放置場所
日照充足的室內
半日照的室內

銀虎尾蘭

Sansevieria kirkii 'Silver Blue'
〈龍舌蘭科虎尾蘭屬〉

耐寒性

尺寸 S

澆水方式 A
p196

放置場所
日照充足的室內
半日照的室內

因近年的生產體制整合，有更多機會可看見銀虎虎尾蘭。堅硬又輕飄飄的彎曲葉片是其特徵。和其他虎尾蘭一樣耐旱耐陰，可放置在陽光照不太到的地方。紅色葉緣十分可愛。

重點

●冬季注意不要澆水過度造成腐根。在東京以11月～3月為基準，不須澆水。

●十分耐陰，可放置在陽光照不太到的地方。

kib wedge 虎尾蘭

耐旱又健壯的植株，可說是非常適合初學者栽種的虎尾蘭。雖然有各式各樣形狀的品種，但棒狀細葉是kib wedge的特徵。匍匐莖前端會長出許多子株，像是從盆缽裡沖出來的形狀，是頗具玩味的品種。可以直接在盆缽裡群生，也可以分株增加盆缽，可以感受到它強烈的生命力。

重點

- 耐旱。
- 冬季注意不要澆水過度造成腐根。
- 十分耐陰，可放置在陽光照不太到的地方。

Sansevieria hyb.(gracilis × parva)
'kib wedge'
〈龍舌蘭科虎尾蘭屬〉

耐寒性

尺寸
S

澆水方式
A
p196

放置場所

日照充足的室內

半日照的室內

Sansevieria ehrenbergii 'Banana'
〈龍舌蘭科虎尾蘭屬〉

香蕉虎尾蘭

原產自非洲的對生葉虎尾蘭的小型品種——香蕉虎尾蘭。葉片小又粗壯，特徵就像香蕉一樣彎彎的形狀。生長速度十分緩慢，要重疊長出一枚葉片要花一年以上的時間。雖然耐陰，但栽種的重點還是要讓整體植株充分晒到太陽。若只有局部晒到太陽，葉片會長歪並產生縫隙，破壞了原本充滿特色的葉形。

重點

●冬季注意不要澆水過度造成腐根。在東京以11月～3月為基準，不須澆水。
●十分耐陰，可放置在陽光照不太到的地方。

耐寒性

尺寸 S

澆水方式 A p196

放置場所

日照充足的室內

半日照的室內

星點藤

隸屬於有許多基本款觀葉植物所聚集的天南星科，像是綠蘿和姑婆芋這類。像絨布般光滑柔和又帶有光澤的心形葉片上長有銀斑，清爽又可愛的姿態令人著迷。可以放在陰涼處管理，也很適合放在難有日照的房間或玄關。即便是把小植株放在書桌上和廚房裡，生長力旺盛的植株也會長到滿出盆缽。很適合擺在簡約風和北歐風的居家擺設上。

重點

- 夏季強烈的陽光會造成葉燒，要注意擺放的場所。
- 可利用吊籃垂吊。
- 植株不耐寒，冬季要注意擺放的場所。

Scindapsus pictus CV. Argyraeus
〈天南星科藤芋屬〉
別名：銀星綠蘿

耐寒性

尺寸 S

澆水方式 A p196

放置場所
日照充足的室內
半日照的室內

Schefflera elliptica
〈五加科鵝掌柴屬〉

南洋鵝掌藤

植株非常健壯好養，在溫暖地區常被當作庭院樹栽種的鵝掌藤。十分普及的卵葉鵝掌藤，在公共設施、辦公室、店鋪和家庭內到處可見。帶有光澤的橢圓形葉片是其特徵，但南洋鵝掌藤的葉片更圓，給人可愛的感覺。葉片越往外擴張，越能將陽光反射進屋內，讓人感覺室內變得分外明亮。

重點

●和卵葉鵝掌藤一樣耐熱又耐寒，非常好養。
●葉面容易積灰，要經常擦拭或向葉面灑水。

耐寒性

尺寸
L

澆水方式
A
p196

放置場所
日照充足的室內
半日照的室內

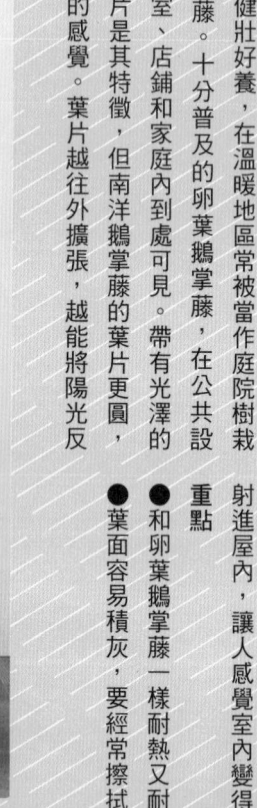

霓虹合果芋

生長於墨西哥、哥斯大黎加、中南美等地的合果芋。園藝品種繁多，是個能享受彩葉（有紅、紫、銀等色彩鮮豔的葉片）樂趣的品種。此為令人印象深刻的淡粉色品種，和花不同，帶點不可思議的印象。具有成熟沉穩色調的魅力。

重點

● 蔓性植物可利用吊籃垂吊。

● 強烈日照會造成葉燒，夏季要注意放置場所。

Syngonium podophyllum 'Neon'

〈天南星科合果芋屬〉

耐寒性

尺寸 M

澆水方式 A p196

放置場所

日照充足的室內

半日照的室內

棒葉仙人指甲蘭

Seidenfadenia mitrata

〈蘭科指甲蘭屬〉

在原生地是附生於樹木的附生蘭中的其中一種。有著像長筷般粗細的葉片，和又白又粗的根部一同垂下的姿態，即使沒開花也很壯觀。裝飾在牆上和吊籃上非常吸睛。會開出白色花瓣裡混點紫色的花，模樣十分可愛。

重點

●間隔3～4天再澆水，用灑水壺淋濕植株整體。

●冬季要避免放在窗邊等氣溫偏低的場所。

耐寒性

尺寸 M

澆水方式

沒有任何適用的

放置場所

日照充足的室內

半日照的室內

GREEN LIFE

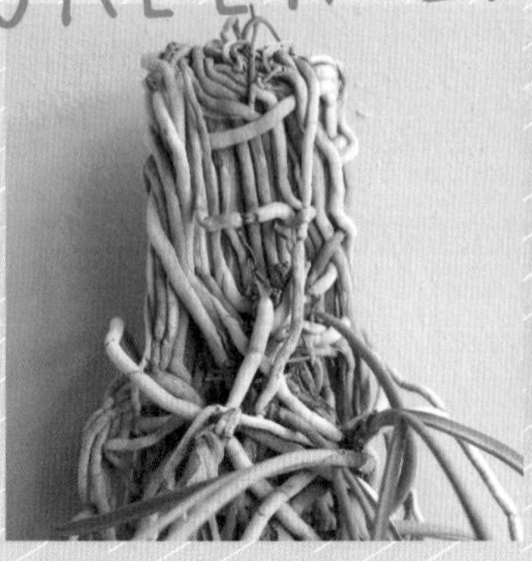

不只是根，就連葉片也往下生長是其特徵。
在原生地是用粗壯的根部附生在樹木或岩石上生長。

科槐

sophora microphylla
〈豆科苦參屬〉
別名：童話樹

曲折的枝幹上長滿茂密的葉片，是隸屬於豆科的植物。排列在店面的全都是纖細的樹苗，但若直接地植，會長出枝節粗壯、高約2米的大樹，是株看似瘦弱卻很強韌的植物。切枝後會分枝，長成更為複雜又有趣的樹形。雖近似於紐西蘭刺槐，但卻是別種植物。

重點

●可放置在陽光直射的戶外。

●雖然非常耐熱又耐寒，但還是要注意結霜或寒流。

耐寒性

尺寸 M

澆水方式 A p196

放置場所 戶外

金光茶馬椰子

原產自墨西哥的小型椰子。伸長的枝節末端會長出大片的葉子。葉片形狀長得像箭羽，帶有金屬般獨特的光澤。葉片的形狀和色調都十分獨特，再挑個適合的盆缽，就能為居家擺設作點綴。生長速度緩慢，再怎麼養也只會長到50～70公分高的輕巧模樣。任何場所都很適合擺放。

重點

- 十分耐陰，放在明亮的陰涼處也OK。
- 十分耐寒，容易栽種。

Chamaedorea metallica

〈棕櫚科茶馬椰子屬〉

別名：玲瓏椰子、魚尾椰子

耐寒性

尺寸 M

澆水方式 A p196

放置場所

日照充足的室內

半日照的室內

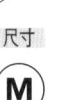

金狗毛蕨

Cibotium barometz
〈金毛狗科金狗毛蕨屬〉
別名：金狗毛、金毛狗、金毛狗蕨

耐寒性

尺寸 M

澆水方式 A p196

放置場所
日照充足的室內
半日照的室內

有條像動物的褐色毛覆蓋的莖，是一款十分有個性的蕨類植物，摸起來有蓬鬆的觸感。像蕨類一樣長著彎曲的莖，也會開葉。在中國是能招來好運的幸運物。蕨類給人很耐陰的印象，但它非常需要陽光，若沒有充分的日照，向光性會讓葉片的生長方向長得亂七八糟。

重點

- 中午前盡量放在照得到陽光的場所。
- 此為蕨類，在土壤完全乾燥前就要澆水。

BOTANICAL

從毛茸茸的莖部上長出像蕨類植物般茂密的
綠葉。

百萬心

Dischidia ruscifolia
〈蘿藦科風不動屬〉

風不動屬於匍匐植物。雖有許多品種，但百萬心如其名，密集長著厚實的心形葉片是其特徵。植株易悶熱，要放在空氣流通處。風不動的同伴不喜強烈的陽光直射，卻喜歡一定程度的日照，放在面東的窗邊可以健康成長。

重點

●室內管理要注意容易因通風不良導致悶熱造成植株損傷。

●夏季避免陽光直射，須放置在明亮涼爽處。

●根部主要的工作是附生於樹上，與其給根部澆水，不如給葉面灑水加濕。

耐寒性

尺寸 S

澆水方式 A p196

放置場所 日照充足的室內

斑葉串錢藤

葉片像五子棋般的圓葉茂密生長，是生命力旺盛的風不動之一。原產地在東南亞的熱帶地區，附生在樹木上的附生植物。可活用此種性質，上板在流木上頭。和其他的風不動一樣，要放在明亮、空氣流通處管理。

重點

- 室內管理要注意容易因通風不良導致悶熱，造成植株損傷。
- 夏季避免陽光直射，須放置在明亮涼爽處。
- 根部主要的工作是附生於樹上，與其給根部澆水，不如給葉面灑水加濕。

Dischidia nummularia variegata

〈蘿藦科風不動屬〉

耐寒性 ●○○

尺寸 M

澆水方式 A p196

放置場所 日照充足的室內

Dischidia formosana
〈蘿藦科風不動屬〉

台灣眼樹蓮

在許多品種的風不動之中，此為較好養的品種。台灣眼樹蓮不管放在日照充足或陰涼處都很ＯＫ。只是別忘了要保持空氣流通。圓葉有部分凹陷，看起來像愛心的形狀。到了春天，會開出像鈴蘭般的白色可愛小花。和其他風不動一樣，喜歡明亮空氣流通的地方。

重點

- ●室內管理要注意容易因通風不良導致悶熱造成植株損傷。
- ●夏季避免陽光直射，須放置在明亮涼爽處。

耐寒性

尺寸 M

澆水方式 A p196

放置場所 日照充足的室內

GREEN LIFE

給人清新可愛印象的台灣眼樹蓮。也很適合
用吊籃栽種。

Tillandsia capitata 'Mauve'
〈鳳梨科鐵蘭屬〉

卡比他他草莓牛奶

這是淺灰色帶點紅色外皮的空氣鳳梨。圖為迷你尺寸的卡比他他草莓牛奶，會長出子株形成群生，擴散成「叢生」般大小的植株。市面上流通著不少種類的空氣鳳梨，可以蒐集不同種類來裝飾。不需要盆器與介質就能生長，可以享受居家擺設的樂趣（參考P58）。

重點

● 需要充分澆水和噴霧。之後避免悶熱，要適當吹風散熱。

● 澆水方法請參考P198。

耐寒性

尺寸 S

澆水方式 C p198

放置場所 日照充足的室內

雞毛撣子

有著被稱之為毛狀體的細毛覆蓋的空氣鳳梨。大致上可將空氣鳳梨分成有大量毛狀體的「銀葉系」和毛狀體較少的「綠葉系」（具有光滑質感，如空鳳章魚和空鳳虎斑章魚）。毛狀體會因強烈的日照擴散，吸收空氣中的水分生長。像雞毛撣子這類的銀葉系，比較耐旱，非常好養。

重點

●需要充分澆水和噴霧。之後避免悶熱，要適當吹風散熱。

●澆水方法請參考P198。

Tillandsia tectorum
〈鳳梨科鐵蘭屬〉

耐寒性

尺寸
S

澆水方式
C
p198

放置場所
日照充足的室內

Tillandsia

Dracaena sp.
〈龍舌蘭科龍血樹屬〉

Navi 龍血樹

龍血樹又以被稱為「幸運樹」的「香龍血樹」聞名。即使沒聽過名字，也曾看過有棵莖幹直挺、頂上長有像竹葉的葉片直沖天際的植株吧。而這棵 Navi 龍血樹，是龍血樹之中不太流通於市面上的稀有品種。和同為龍血樹屬的紅邊竹蕉相似，是時下流行的龍血樹。

重點

●自古以來龍血樹就是基本款的植物，非常適合綠手指初學者。

●不耐陽光直射，要注意放置場所。

耐寒性

尺寸
L

澆水方式
A
p196

放置場所

日照充足的室內

半日照的室內

burley 龍血樹

Doracaena burley
〈龍舌蘭科龍血樹屬〉

這株就像是會擺在咖啡廳裡的植栽，擁有時髦、都會的存在感。若和合適的盆缽和盆套搭配起來，也能融入居家擺設中。又長又大又亮眼，有美麗覆輪的葉片令人印象深刻。可以放在客廳、玄關或當店鋪的主樹。十分耐陰，可以培育在任何場合。

重點

●自古以來龍血樹就是基本款的植物，非常適合綠手指初學者。

PARTIAL SHADE

耐寒性 ●○○

尺寸 L

澆水方式 A p196

放置場所

日照充足的室內

半日照的室內

厚葉香龍血樹

Dracaena hookeriana cv. 'Rothiana'
〈龍舌蘭科龍血樹屬〉

近似於同樣為龍血樹的夥伴，在日本隨處可見的香龍血樹（幸運樹）的品種。葉片比香龍血樹還要厚重堅硬是其特徵，葉色為黃綠色。給人沉穩印象的厚葉香龍血樹，很適合用來打造綠意空間。而且十分耐陰，也適合擺放在難以照到陽光的場所。

重點

●自古以來龍血樹就是基本款的植物，非常適合綠手指初學者。

耐寒性

尺寸 M

澆水方式 A p196

放置場所

日照充足的室內

半日照的室內

直挺莖幹上，厚實的葉片呈現放射狀生長。

Neoregelia Lila
〈鳳梨科五彩鳳梨屬〉

Lila 五彩積水鳳梨

耐寒性

尺寸 M

澆水方式 B p197

放置場所 日照充足的室內

蓮座狀的葉片中心會積水，能從葉片吸收水分的這種植物就叫作「積水鳳梨」。五彩鳳梨呈現放射狀的葉片宛如蓮花的形狀，自古以來是很受歡迎的觀葉植物之一。有不同顏色、形狀、大小和品種，也有高價的稀有品種。不僅適合拿來栽種和裝飾，甚至還有專門蒐集空氣鳳梨的專業玩家。

重點

- 像在葉片中心積水的澆水方法（參考P197）。
- 和空氣鳳梨同屬鳳梨科的植物。

鮮豔的粉紅色令人印象深刻。即使是小型植株，存在感也十分卓越。

象牙宮

Pachypodium gracilius
〈夾竹桃科棒錘樹屬〉
別名：大象的腳

耐寒性

尺寸 S

澆水方式 A p196

放置場所 屋外 日照充足的室內

豐滿膨脹的塊根部長出細長枝節的可愛模樣，是塊根植物裡的熱門品種。在它那覆滿荊棘的外表下，很難想像它竟會開出可愛的黃色小花。原產地在非洲的馬達加斯加，由於生長在乾燥過於嚴酷的土地上才會長成這種形狀。冬季會落葉進入休眠期。

重點

●容易腐根，等土壤乾巴巴後再澆水，進入休眠期則不須澆水。

●有時進口的植株會有尚未長根的狀態，建議在購買前先向店家確認。

CODEX

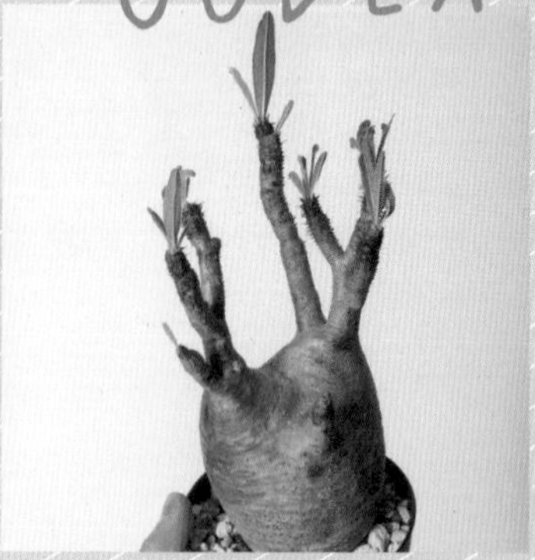

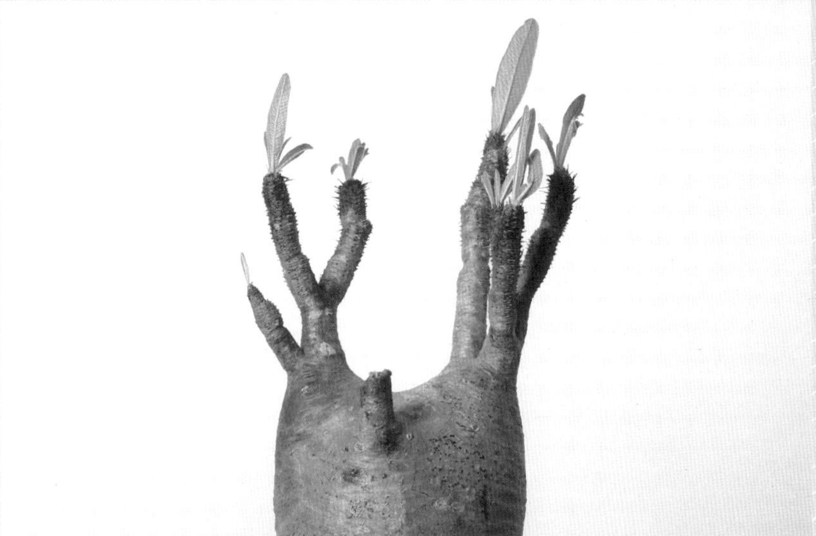

看一眼就忘不了的個性派植物。説起塊根植
物，應該很多人會想到象牙宮。

Pachypodium brevicaule

〈夾竹桃科棒槌樹屬〉

別名：惠比須笑

耐寒性

尺寸 S

澆水方式 A p196

放置場所 屋外 日照充足的室內

短莖棒槌樹

以日本名稱「惠比須笑」較廣為人知的塊根植物。像史萊姆一樣一坨橫向生長，隸屬於棒槌樹的一種。厚重的植株上長滿一點一點的小葉片，並會開出可愛的黃色小花。由於原產自馬達加斯加高海拔處，和其他棒槌樹相比，較不耐夏季的炎熱。冬季會落葉進入休眠期。

重點

- 容易腐根，等土壤乾巴巴後再澆水，進入休眠期則不須澆水。
- 成長速度非常緩慢。

雖然這棵植株單手就可掌握，但在原生地也
有長到近 1 米高的植株。

platycerium alcicorne var.Madagascar

〈水龍骨科鹿角蕨屬〉

別名：蝙蝠蘭

耐寒性

尺寸

M

澆水方式

D

p199

放置場所

日照充足的室內

馬達加斯加圓盾鹿角蕨

有深深切痕的胞子葉（往上長的葉子），是凜然豎立鹿角蕨的一種。長成圓狀的儲水葉（靠近根部的葉子）上有漂亮的葉脈。無論是哪邊的葉子都很有特色，看起來像是不同的植物。市面上以附生在木板的圓盾鹿角蕨（參考P54、P80）較為流通。

重點

- 喜好日照充足、空氣流通的環境，可用吊籃栽種。
- 鹿角蕨的澆水方法請參考P199。

Platycerium

儲水葉非常寬大，像是要把素陶盆吞下的模樣。

Platycerium willinckii

〈水龍骨科鹿角蕨屬〉

別名：蝙蝠蘭

爪哇鹿角蕨

直立往上長的儲水葉和大片垂下的長長胞子葉，兩種葉片具有對比特色的品種。要當作居家擺設，可掛在牆上或從天花板垂吊下來，就能欣賞細長垂下的胞子葉。即使只有一株，也能為居家擺設帶來畫龍點睛的效果。小小的植株會慢慢長成大型植株。原產地位於赤道正下方的爪哇島附近。

重點

●鹿角蕨的澆水方法請參考P199。

耐寒性

尺寸

M

澆水方式

D

p199

放置場所

日照充足的室內

with Board

植株的形狀令人聯想到鳥，被稱之為蝙蝠蘭
果真名符其實。

Platycerium veitchii
〈水龍骨科鹿角蕨屬〉
別名：蝙蝠蘭

銀鹿鹿角蕨

密生的星狀毛（像粉塵一樣的細毛），讓植株整體看起來像白色的鹿角蕨。放在日照充足的場所，透過陽光反射看起來會真的像純白色的植株。飄逸的葉片在帶有狂野氣息的鹿角蕨中，給人一股女性氣質的印象。不僅能掛在水泥牆這種充滿陽剛味的居家擺設，也很適合擺在純白牆面的一般室內。

重點

●鹿角蕨的澆水方法請參考P199。

耐寒性

尺寸 M

澆水方式 D p199

放置場所 日照充足的室內

Hanging

說到看起來鬆軟的白色蝙蝠蘭，就是銀鹿鹿角蕨。儲水葉也是充滿柔和的色調。

Platycerium ridleyi
〈水龍骨科鹿角蕨屬〉
別名：蝙蝠蘭

亞洲猴腦鹿角蕨

紋路沿著葉脈生長的儲水葉是此種鹿角蕨的特徵。儲水葉在原生地會長成球狀，附生在大樹的枝節上。細長的胞子葉會一邊分歧一邊向外擴散生長。Platycerium的中文譯名是「鹿角蕨」，顧名思義是長得像鹿角的蕨類。亞洲猴腦的胞子葉，也如其名長得像鹿角一樣雄偉。養得好就會長出像湯匙一樣的胞子囊。會讓人聯想到吉卜力風之谷的世界。

重點
●鹿角蕨的澆水方法請參考P199。

耐寒性

尺寸
M

澆水方式
D
p199

放置場所
日照充足的室內

Platycerium

雄偉的胞子葉就像雄鹿角一樣迫力十足。

Hydnophytum papuanum
〈茜草科蟻寨屬〉
別名：蟻巢玉

巴布亞蟻巢玉

附生於熱帶地區樹木上，蟻植物的一種。此品種的別名為蟻巢玉，讓螞蟻住在塊根部，使其吸收養分，是與螞蟻共生的植物。不過一般品種的螞蟻是不會住進蟻巢玉裡的，請放心種植。雖然是以盆栽的型式流通於市面上，但這原本是附生在樹木的植物，使其附生在蛇木板或苔玉上，掛在牆上栽種也OK。

重點
●冬季進入休眠期，放在溫暖的場所並減少澆水的次數。

耐寒性

尺寸
S

澆水方式
A
p196

放置場所
日照充足的室內

圓滾滾的塊根部很搶眼！在原生地的塊根部
是讓螞蟻居住並與其共生。

Ficus elastica cv.'Apollo'
〈桑科榕屬〉
別名：阿波羅橡膠樹

阿波羅橡膠榕

此為橡膠樹的一種。蜷曲呈波浪狀的葉片是阿波羅橡膠榕的特徵。喜好日照充足、空氣流通的場所。不過日照過於充足，蜷曲的葉片會無法順利展開，所以放置在明亮的陰涼處即可。它會為了尋求陽光照射，而使葉片伸展開來。建議放在面東的窗邊或放在離面西、面南的窗邊稍遠一點的位置。

重點

- 所有的橡膠樹都非常好養。
- 氣溫太低或日照不足會使葉片掉落。
- 冬季時放在窗邊，要小心室溫過低。

耐寒性

尺寸 M

澆水方式 A p196

放置場所

日照充足的室內

半日照的室內

Gin 橡膠榕

Ficus elastica Gin
〈桑科榕屬〉

有沙斑（細小點狀斑）的橡膠樹。新葉一開始呈現明亮的色調，會漸漸變深。成長速度較快，只要樹形越豐富，和葉色、沙斑搭配起來的感覺就有相乘效果，可當作存在感十足的主樹。此品種在市面上不太流通，若有看到販售不妨買回家試試。

重點

- 所有的橡膠樹都非常好養。
- 氣溫太低或日照不足會使葉片掉落。
- 冬季時放在窗邊，要小心室溫過低。

耐寒性

尺寸 M

澆水方式 A p196

放置場所 日照充足的室內

Ficus triangularis
〈桑科榕屬〉

斑葉三角榕

在八百種榕屬之中屬於非常稀少、有倒三角形葉片的橡膠樹。遠看看似非常普通，但近看就會發現葉形十分驚人。須放置在面南窗邊等日照充足的場所。

順道一提，很受歡迎的觀葉植物如：細葉榕、垂榕，還有好吃的無花果都是屬於榕屬的同伴。

重點

- 所有的橡膠樹都非常好養。
- 氣溫太低或日照不足會使葉片掉落。
- 冬季時放在窗邊，要小心室溫過低。

耐寒性

尺寸 S

澆水方式 A p196

放置場所 日照充足的室內

紅脈愛心榕

和愛心榕一樣有心形葉片，上面有顯眼紅色葉脈的橡膠樹，也被稱為「紅脈榕」。愛心榕是普及品種，但紅脈榕的流通量較少，適合喜愛珍稀獵奇的綠手指。實生種（從種子開始養起）的根部呈球狀膨脹，被分類為塊根植物。不過利用枝插增生的根部則不會變大。

重點

- 所有的橡膠樹都非常好養。
- 氣溫太低或日照不足會使葉片掉落。
- 冬季時放在窗邊，要小心室溫過低。

Ficus petiolaris
〈桑科榕屬〉
別名：紅脈榕

耐寒性

尺寸 S

澆水方式 A p196

放置場所 日照充足的室內

孟加拉榕

Ficus benghalensis
〈桑科榕屬〉

耐寒性

尺寸 L

澆水方式 A p196

放置場所 日照充足的室內

可說是觀葉植物中基本款的孟加拉榕。橢圓形的大葉片是這種橡膠樹的特徵。翠綠葉片上有白色的葉脈。生長力旺盛，放著不管也能不斷往上長。需要定期修剪整形（塑形，請參考P212），給予根部養分讓莖幹更加茁壯。剪下來的部分會分枝，形成更多變的樹形。

重點

- 大型葉片容易積灰，要勤於擦拭或在澆水時沖洗葉片。
- 氣溫太低或日照不足會使葉片掉落。
- 好養的品種適合給新手種植。

BOTANICAL

熱門的橡膠樹。市面上流通著各式各樣的樹形，一定能找到喜歡的盆栽。

philodendron andreanum
〈天南星科蔓綠絨屬〉
別名：絨葉蔓綠絨

耐寒性

尺寸 M

澆水方式 A p196

放置場所
日照充足的室內
半日照的室內

黑葉蔓綠絨

蔓綠絨的種類繁多，是不同品種就會有不同姿態和大小的植物。黑葉蔓綠絨的特徵是有像絲絨般柔滑濕潤的葉片，也因其特徵有個別名叫絨葉蔓綠絨。深綠色的葉片與葉脈的色調是十分亮眼的觀葉植物。雖然很耐陰，但最好還是放在照得到陽光的場所，除了有助植物的生長外，也能欣賞葉片美麗的質感。

重點

●非常需要水，夏季要特別注意乾燥。最好在葉面灑水會較有效果。

●不耐夏季強烈陽光直射，須注意放置場所。

圓扇蔓綠絨

有著可愛心形葉片的扇葉蔓綠絨。亮綠色的葉片，葉緣反褶營造出立體感。葉片厚實有光澤是其特徵。在春夏季的生長期會迅速生長，枝葉茂密。給人活潑熱鬧的氣氛。與其他植物相較下十分耐陰，放在明亮陰涼處（可閱讀書報的明亮度）也OK。很適合初學者栽種的好養植物。

重點

- 非常需要水，夏季要特別注意乾燥。最好在葉面灑水會較有效果。
- 不耐夏季強烈陽光直射，須注意放置場所。

Philodendron grazielae
〈天南星科蔓綠絨屬〉

耐寒性

尺寸 S

澆水方式 A p196

放置場所

日照充足的室內

半日照的室內

Philodendron Tango
〈天南星科蔓綠絨屬〉

Tango 蔓綠絨

很受歡迎的觀葉植物，葉片近似於羽葉蔓綠絨的品種。羽葉蔓綠絨的枝幹直立，但Tango蔓綠絨屬於蔓性植物，具有生命力的蔓和葉會朝四面八方擴散，可以用蛇木柱（用桫欏科植物的樹幹製成的支柱）使其攀爬。或是用吊籃的盆缽種植，生長方式充滿分量和躍動感的模樣能成為很棒的裝飾。

重點

● 非常需要水，夏季要特別注意乾燥。最好在葉面灑水會較有效果。

● 要小心強烈陽光直射會造成葉燒。

耐寒性

尺寸 M

澆水方式 A p196

放置場所
日照充足的室內
半日照的室內

展葉馬尾杉

Huperzia squarrosa
〈石松科石杉屬〉

葉片如杉葉般尖細並優雅下垂的附生蕨，會一邊分歧一邊增生。外表看似嶄新，其實是繼同為蕨類植物的鹿角蕨後，人氣持續攀升受人矚目的植株。適合要找時下流行的觀葉植物來種的人。由於這是蕨類植物，所以不耐乾。若選擇垂吊栽種，可放置在澆水和葉面灑水都方便的地方。

重點

●蕨類植物的澆水注意事項請參考P196。

●放在半日照（一天中只有幾小時會照到太陽的地方）的場所較便於管理。

耐寒性

尺寸 M

澆水方式 A p196

放置場所

日照充足的室內

半日照的室內

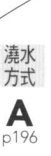

Philodendron billietiae

〈天南星科蔓綠絨屬〉

橘柄蔓綠絨

宛如箭羽狀又大又長的葉片上有橘色的莖幹。特殊的形狀即使只有一株也十分有存在感，就算只放一盆只種單株的橘柄蔓綠絨在客廳也很適合。它和其他天南星科的植物一樣，是非常耐陰又好種的品種。不過不耐寒，冬季要放在溫暖的場所。

重點

●非常需要水，夏季要特別注意乾燥。最好在葉面灑水會較有效果。

●要小心強烈日照直射會造成葉燒。

耐寒性

尺寸

M

澆水方式

A

p196

放置場所

日照充足的室內

半日照的室內

BOTANICAL

綠色與橘色形成對比的美麗盆缽。簡單的盆
器搭配就很亮眼。

Vriesea fosteriana
'Red Chestnut'
〈鳳梨科鶯歌鳳梨屬〉

紅栗麗穗鳳梨

帶點紅色的美麗葉片呈放射狀（蓮座狀）展開的觀葉植物。從正上方俯瞰是最漂亮的角度，很適合放在偏低矮的家具上（參考P51）。紅栗麗穗鳳梨和在P154所刊登的五彩鳳梨同樣都是被稱為積水鳳梨的類型，因其葉片中心會積水。

重點

- 像在葉片中心積水的澆水方法（參考P197）。
- 和空氣鳳梨同屬鳳梨科的植物。

耐寒性

尺寸 M

澆水方式 B p197

放置場所 日照充足的室內

Juliet 海神花

原產自澳洲和南非的常綠灌木。修剪下來的枝節做成的切花可維持非常久的壽命，也可以直接做成乾燥花。除了在寒冷地區外，也可當作庭院樹直接地植。以耐寒溫度負5℃為基準，冬季種在溫暖的場所也OK。海神花和橄欖樹、尤加利樹以及相思樹的屬性類似，可以種在一起。

重點

●十分耐寒，可放在陽臺或當成庭院樹栽種。

●在頂部會密集長出細小的花朵，聚集附生在圓弧狀的花托上，稱為頭狀花序。

Protea Juliet

〈山龍眼科海神花屬〉

耐寒性

尺寸 M

澆水方式 A p196

放置場所 戶外

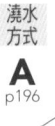

幌傘楓

Heteropanax fragrans
〈五加科幌傘楓屬〉

這是不常聽到的植物名，但它的近似夥伴有許多品種，如很受歡迎的觀葉植物鵝掌藤（參考P136）。根部大多都和細葉榕一樣提根（參考P28）。請務必欣賞它那充滿迫力的根部。外觀看起來似乎很難養，但種植方法卻很簡單。

重點

●生長速度算快，養起來會很有成就感的品種。可以享受修剪和換盆的樂趣（參考P207～）。

耐寒性

尺寸 M

澆水方式 A p196

放置場所

日照充足的室內

半日照的室內

PLANT

雄偉的根部易吸引目光，不過油亮有光澤的
葉片也是一大特色。

綠背龜甲

Bombax ellipticum
〈木棉科假木棉屬〉

這是為了防止乾燥、根部具有儲水習性的塊根植物。經過修剪的枝幹，水分和養分會從根部流通，長成圓潤的植株。經過長年反覆修剪增長後即可做出圓滾滾的植株。冬季會落葉進入休眠。光禿禿的模樣，彷彿是強調圓潤豐滿莖幹的藝術品般佇立在那。

重點

- 是個可用盆栽打造出各種形狀的品種。
- 落葉後要減少澆水的頻率保持乾燥。

耐寒性

尺寸 M

澆水方式 A p196

放置場所 戶外／日照充足的室內

根部紮實粗壯的植株。莖幹表皮的裂痕，充
滿了累積風霜的韻味。

Mimetes cucullatus
Crackerjack red
〈山龍眼科海神花屬〉

耐寒性 ●●●
尺寸 M
澆水方式 A p196
放置場所 戶外

Crackerjack red 海神花

原產自澳洲和南非的常綠灌木。雖然和木百合很相似，但葉片較短小精緻，帶點紅色的葉尖增添了生氣。除了在寒冷地區外，也可當作庭院樹直接地植。以耐寒溫度0℃為基準，冬季種在溫暖的場所也OK。同P183的Juliet海神花一樣，做成切花和乾燥花也很受歡迎。

重點

- 十分耐寒，可放在陽臺或當成庭院樹。
- 和龍舌蘭（參考P104）、仙人掌這類給人粗獷形象的植物屬性很合。

鐵甲麒麟

常看到當作庭院樹種植的蘇鐵，將其縮小化的多肉植物。這是由鐵甲丸和鱗寶的交配種怪魔玉，再把怪魔玉和實親的鐵甲丸交配出來的品種。這種品種容易群生，養起來很有成就感。會隨著生長漸漸產生木質化（變得像木頭一樣硬）的韻味，十分帥氣。

重點

●非常喜好陽光，可放在陽臺或戶外。
●不耐寒，冬季須放在日照充足的室內。

Euphorbia 'Sotetsukirin'
〈大戟科大戟屬〉
別名：蘇鐵麒麟

耐寒性

尺寸 S

澆水方式 A p196

放置場所 戶外

喙絲蘭

Yucca rostrata
〈龍舌蘭科絲蘭屬〉

耐寒性 ●●○

尺寸 M

澆水方式 A p196

放置場所 戶外

進入千禧年後，不論是個人宅邸或店鋪的戶外植栽及造景都很常見的喙絲蘭。尤其是莖幹長得特別長，呈現分枝狀的喙絲蘭最受歡迎。常看見它和多肉植物、仙人掌等澳洲系植物一同種在乾式庭院（聚集耐乾植物的庭院）。生長速度緩慢，可以放在不想大幅改變植栽印象的空間。

重點

- 非常耐寒，放在戶外能長到幾米高。
- 非常耐乾，不須特別照顧。

毛葉秋海棠

有各種顏色、模樣、質感、形狀和大小的根莖類秋海棠。即使在收藏玩家間也是很稀有的交易品種。以原種的尖蕊秋海棠交配而成的同伴，以毛葉秋海棠的名字廣泛流通於市面上。在一般市面上有許多便宜的品種，蒐集許多品種也頗富趣味。

重點

●不喜夏季的強烈陽光，須放置在明亮陰涼處（可閱讀書報程度的亮度）。

●雖喜好濕氣，但宜選擇排水性佳的土壤。

Begonia

〈秋海棠科秋海棠屬〉

別名：蟆葉秋海棠

耐寒性

尺寸 M

澆水方式 A p196

放置場所

日照充足的室內

半日照的室內

油點百合

Ledebouria socialis 'Violacea'
〈天門冬科豹葉百合屬〉

說起球莖多肉就會令人聯想到鬱金香和風信子，而此種以球莖生長的多肉植物為「球莖多肉」的一種。特徵是葉片上遍布美麗豹紋的品種。極有特色的模樣，很難想像會開出宛如鈴蘭的可愛花朵。遇寒落葉後，就會露出包著紫色外皮的球莖。是個除了花很漂亮之外，外觀也很賞心悅目的植物。

重點

- 春季到初夏間會開花。
- 落葉後進入休眠期須保持乾燥。

耐寒性

尺寸
M

澆水方式
A
p196

放置場所
戶外
日照充足的室內

PART 3
栽種的基礎知識

難得找到一盆很喜歡的植栽，卻馬上被養到枯死；

植栽看起來很沒活力，卻找不出原因；

剛買來時形狀很漂亮，卻無法繼續維持⋯⋯

此單元將會教你如何解決這些煩惱！

植物是有生命的生物，

讓我們一起學習如何與它們長久共存吧！

澆水基礎

如何判斷澆水時機

水對植物來說非常重要。不澆水會枯死，但時常泡在水裡，根部無法呼吸也會日漸衰弱。以盆栽種的觀葉植物會枯萎的最大原因，就是澆水過多導致腐根。等到土壤完全乾了再澆水吧！

土壤乾涸的狀況，會因植物大小、性質和放置場所而有所不同。只要摸摸土壤感覺乾乾的，就是在提醒你要澆水了。

需要大量澆水直到盆底有水流出來為止。像是要將盆缽內的水分完全汰換掉，重複2至3次，讓盆內的土壤充分濕潤。如果每天都只澆少量的水，盆缽內會累積舊水，這是導致發臭和腐根的原因。所以要等土完全乾燥後再澆水。

如果盆栽是可移動的大小，可直接拿到戶外、廚房或是洗臉檯等有水龍頭的地方直接澆水。讓枝葉整體充分淋水洗去灰塵。等水從盆底孔完全瀝乾後，再把接水盤或盆套放回原來的位置。接水盤若有積水，記得要倒掉，否則會發臭和發霉。

隨季節調整並確實在葉面灑水

冬季的澆水次數需慢慢減少，因植物的生長速度趨緩，就沒必要經常澆水，保持乾燥即可。反之，植物在夏季需水量大增，土壤也易乾燥，要注意不可缺水。而且在溫度和濕度都很高的季節，讓植物待在密閉的室內，澆水後植栽很容易悶熱，盡量讓植栽放在空氣流通的地方。

而葉面灑水，就是用噴霧器直接給葉面補充水分。以日本為例，居住環境大多乾燥，空氣濕度較低，葉面灑水會較有效果，即使噴水噴得再多也不成問題。積極在葉面灑水，還能預防乾燥時易孳生的蟎蟲等害蟲。

按照植物類別的澆水技巧

如同上一頁所介紹的澆水基礎，不同品種的植物也有不同的澆水技巧。本書大致分成四大類來逐一介紹澆水技巧。依不同類別和PART 2的植物圖鑑中的澆水方式互相對照。

澆水方式 **A**　澆水方式 **B**　澆水方式 **C**　澆水方式 **D**

澆水方式 A　一般類型

多數植物只要依照上一頁所說的基礎方式來澆水即可。不過蕨類植物不耐旱，在土壤完全乾燥前就要先澆水。它們喜好土壤保持濕潤的狀態，也要勤於在葉面灑水。

如果植物放在戶外，要特別注意夏季管理。即使早上土壤還未乾，但上午的高溫會讓土壤一口氣變乾。上午可讓植栽晒太陽，到了下午再把植栽放到陰涼處，就可避免土壤的水分迅速流失。

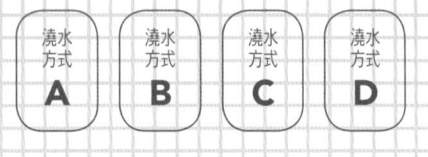

澆水方式 B

積水鳳梨類型

隸屬於鳳梨科的積水鳳梨，如五彩鳳梨、鶯歌鳳梨和球花鳳梨都是屬於這類的澆水方式。不只是從根部吸收水分，從葉面吸收水分和營養更是它們最大的特徵。從土壤吸取水分的澆水法和一般類型的相同，但從葉面吸收水分則要讓水積在葉片中心筒狀處。用灑水器由上而下以淋浴的方式澆水，讓水從筒心溢出，溢出的水也能澆到土壤。

偶爾要觀察筒裡的水量，如果讓筒心的水持續留在裡頭，水會腐臭，此時要傾斜盆缽把舊水倒掉，再替換新的水。

澆水方式 C

空氣鳳梨類

空氣鳳梨又稱鐵蘭，附生於岩石和樹木。由於不需土壤介質，很容易令人以為不用澆水，但還是需要水分。

要用灑水器或是用噴霧器讓植株整體補充水分，而且要澆至讓水滴落下來為止。澆水後為了不悶壞植株，須移至通風處。澆水頻率最好是春～秋季以每週2至3次以上，冬季則是每週1次為基準值。夏季若在上午澆水很容易悶壞植株，最好將植株移至陰涼處，在傍晚至夜間之間澆水。像是霸王鳳這種葉面構造會積水的植物，則要將植株倒過來讓積水流光。而像雞毛撢子這種有白色細毛覆蓋的銀葉種空氣鳳梨，較為耐旱，可調整澆水的頻率。

鹿角蕨類

此類植物大多產自熱帶地區。最大特徵是有往上生長的胞子葉，以及覆蓋根部的儲水葉。將水澆進儲水葉的背面（內側）即可，澆太多水會使儲水葉枯萎變色。

若以盆栽種植，澆水次數的基準值則是春～秋季為1至3天澆1次的程度，冬季則是每個月澆3至4次左右。

盆栽種植時，可用灑水器讓整體植株充分淋到水。若植株覆蓋住盆器，則可將整棵植株浸泡在裝滿水的水桶裡；若以上板或苔玉的方式栽種，要小心很容易乾燥。木板和苔玉都要用水充分濕潤。幼苗易乾，也要勤於在葉面灑水。

澆水方式
D

讓植物不枯萎的日常照顧指南

門窗不密閉，讓空氣流通

為了不讓植物枯萎，必須要保持空氣流通。植物的蒸散作用，絕不能缺少空氣流通。且空氣不流通容易造成害蟲孳生和土壤發霉。植株放在空氣流通處，以自然風換氣最為理想。要外出不得不緊閉門窗時，建議打開循環扇或電風扇製造空氣對流。若居住環境許可，裝上吊扇也不失為一種方法。

不過，不能用冷氣和電風扇的強風直接對著植物吹，會導致葉片及植株極度乾燥，造成植物的負擔。最好以溫和的風吹往不同方向會比較恰當。

經常觀察植株狀態

想把植物養得健健康康的，卻老是養到枯死嗎？這個時候，請試著每天花一點時間用心觀察植物的狀態。看看土壤和葉片是否乾了？有沒有長蟲？室內的日照是否充足？空氣是否流通？葉片有沒有變色？透過每天的觀察，一定能發現植物哪裡不太對勁。就算發生問題，也能馬上鎖定原因做適當的處置。

別想著每天要照顧植物很麻煩，當作是每天都要向家人打招呼一樣，也向植物們打聲招呼、順便觀察它們的樣子吧！或許你能發現冒出新芽或是開了花苞呢！

植物喜好怎樣的環境？

盡量營造出溫暖潮濕的環境

因夏季酷暑而枯萎、因無法越冬而落葉、因颱風橫掃而斷枝，照顧植物一定會經歷氣候災害的摧殘。雖然在下一頁會介紹植物在炎熱與寒冷的極端氣候時的注意事項，但怎樣的環境才是對植物最好的呢？首先如前頁所述，日照充足、空氣流通的環境。再來是溫暖潮濕的環境。像是梅雨季的氣候，對原生地在熱帶地區的觀葉植物而言最為理想。只要讓植物生長在接近這種氣候條件下，植物就能健康茁壯，不會枯萎。

夏季注意事項

炎熱的夏季，常因來不及澆水使植物枯萎、因炎熱而腐爛、遭受蟲害，以及因紫外線而葉燒，造成許多傷害。是個比起枯萎，更容易產生損傷的季節。

夏季的密閉空間多屬高溫乾燥，蟎蟲最喜歡這種環境，應讓室內空氣流通，並勤在葉面灑水預防蟲害。此外，也要避免讓冷氣的風直吹植物，會使植物過度乾燥，導致植物變色及落葉。

放置場所也要留意，請在日出後到中午前放在陽光和煦的地方；而陽光強烈的時間則移至陰涼處。多數已十分上手的專業綠手指，在冬季之外的生長期也會將植物放在陽臺或戶外來照護。

如果颱風將近，則將植株拿進室內。植株較高的盆栽可靠牆擺放，即使風吹也不太會斷枝，或暫時將其倒放，再用重物固定植株。豪雨特報時，植株被雨淋倒是無所謂，但若擔心強風吹襲，可依照颱風對策辦理。

冬季注意事項

冬季低溫乾燥，對喜好溫暖潮濕的植物來說是很大的負擔。是個水澆得太多會造成腐根、遇寒又會凍傷、乾燥會導致變色，而門窗緊閉空氣不流通又容易使狀態越來越惡化的麻煩時期。不耐寒的植物務必拿進室內照料。基本上，只要不是位處於寒帶地區，大部分植物即使放在戶外也能順利越冬，以5℃為基準，多數植物都能順利度過。但遇到寒流還是把植物拿進室內吧！放在室內時和夏季一樣，不要讓暖氣的風直吹植物，可用噴霧器在葉面灑水防止乾燥，或開加濕器雙管齊下。

將植株放在平常人會待在的暖氣房內溫暖的地方。靠窗邊的位置還是會冷，可將具有耐寒性的多肉植物和仙人掌放在此處。如果放室內無法充分照到陽光，白天可移至日照充足處，晚上再將植物移回氣溫不會再下降的位置。如果植栽數量多，移動起來很麻煩，可以輪流移動位置，除了便於在室內照顧外，還能順便改變居家擺設。

外出的注意事項

一段時間不在家的話，要注意澆水與植栽的擺放位置

是否有過暑假或長期外出不在家、導致植物枯死的經驗？這都是因為室內處於高溫無風的狀態，因悶熱損傷植栽。外出前先來做好事前準備吧！

如果是外出三四天，出門前只要像平常一樣給植栽充分澆水，讓盆缽內保有水分即可。比澆水更重要的是擺放位置。放在戶外的陰涼處（北側或有圍籬遮蔽的半日照處），保持空氣流通尤佳，公寓陽臺則要注意鄰居室外機的熱風。陽光不會直射、陰涼的通風處是最理想的擺放位置。

若是蕨類植物的盆栽，可以將盆栽浸泡在注水約1～2公分高的托盤內。

如果要長期外出兩週到一個月，若能拜託親友或鄰居幫忙澆水就再好不過了。向對方說明澆水方法並請對方以每隔4至5天的頻率澆水。倘若真的不好拜託他人，市面上也有販售自動澆水器。可以在量販店、園藝店和網路商城購買。外出回家後，記得要幫植栽補充大量水分喔！

關於肥料

肥料種類和施肥時機很重要

除了澆水和日照充足外，還有肥料可以給予植物營養。

肥料的種類有：天然有機肥料和化學合成的化學肥料。有機肥料是以油粕和骨粉為原料製成，特徵是效果發揮緩慢，較不易失敗，但需要克服氣味濃郁這一點；人工製成的化學肥料，無臭無味，很適合用在種植於室內的植物。不過要注意施肥過多會造成燒根。

施肥時機點在4～9月的生長期。

施肥方式分成長期有效的基肥和速效性的追肥。基肥用於栽種和換盆時，把肥料混進土壤內，效果十分持久；追肥則是在植物生長中補充不足的養分，有速效性的液態肥料和緩效性的置肥。液態肥料可以在澆水時一同給予，依照包裝上的指示，稀釋過後再使用。置肥是鋪在土壤表面的固體肥料，由於是緩效性肥料，效果較持久。

有喜歡待在貧瘠土壤裡的植物品種，也有不須施肥就能長得好好的品種。配合植物的特性來好好運用肥料吧！

關於換盆

如果不換盆會怎樣？

植物最重要的地方在根部，多數植物都是從根部吸收養分和水分來生長。盆栽的土壤有限，盆內的土壤養分流失後，光靠水的養分很難繼續生長。而根部在盆缽有限的空間內繼續生長，會被壓縮在盆缽內形成盤根的狀態。此時就需要換盆。若不換盆，由於根堵塞，使得水分無法滲進土裡，即使增加澆水頻率，植物生長的速度還是很緩慢。換盆時把土一併換掉，盆缽換大一號，去除多餘的根和老舊的土，把根的狀態整理乾淨。

什麼時候要換盆？

根長在盆缽內根本看不到，但如果出現了以下的徵兆，就是在提醒你該換盆了。

「根已茂盛到竄出土壤表面」、「根已竄出盆底孔」，再加上「葉尖開始枯萎」、「看見新芽長得不好」時，就要考慮換盆了。搞不好盆裡早已被根塞得滿滿的。

換盆時，根難免會受到損傷，所以要在生長期前換盆。即使根部有損傷，只要在生長期開始生長，會復原得比較快。

若植株長得很健康，而你也不想要把它養得更大，不換盆也是ＯＫ的。

換盆的方法

換盆一點也不難。只需要準備新的培養土、新盆缽、盆底網、盆底石、花剪、免洗筷或長筷。

有關換盆的盆缽尺寸，以兩盆5號尺寸的盆缽來種橡膠樹為例，有一盆已盤根把盆缽內塞得滿滿的，此時就需要換成8號盆缽；而另一盆盤根不太嚴重，只要換成6～7號的盆缽即可。換盆不一定要換大一號的盆缽，可考量到根的狀況來選擇適合的盆缽。

材料都準備齊全，再將植物從盆器中移出。為了不傷及根部，連同根部周圍的土（根土）也一併移到新盆裡，再覆蓋上新土即完成換盆。

你可能會想問：「不用撥土剪根嗎？」答案是：「只要用花剪把老根（外表褐色，內心空洞的根）剪掉就好。」但如果你分不出老根，不如就直接換盆吧！不小心剪到健康的根會影響到植株生長，若擔心剪錯老根，不撥土剪根是最安全的做法。等到你會判斷根的狀態，再嘗試正統的換盆方法吧！

換盆步驟

準備工具
- 培養土
- 新盆缽（比原本的大一個尺寸）
- 盆底網
- 盆底石
- 花剪
- 免洗筷、木棍、長筷等

1

將植株從原本的盆器中移出。若不好移出，可輕輕敲打盆器側面，幫助分離。

2

輕輕撥鬆土壤和根部，必要時整理一下老根。若不會分辨根的狀態，維持現狀即可。

3

將盆底網放進新盆缽內，再放入盆底石使盆栽的排水性變好。可以使用赤玉土代替盆底石。

4

放入新土，一邊觀察高度一邊把植物放入，稍做調整。

5

一邊補土，一邊用免洗筷插入根土（附著於根上的土）和盆缽之間，讓新土能均等滲入根與根之間的縫隙。

6

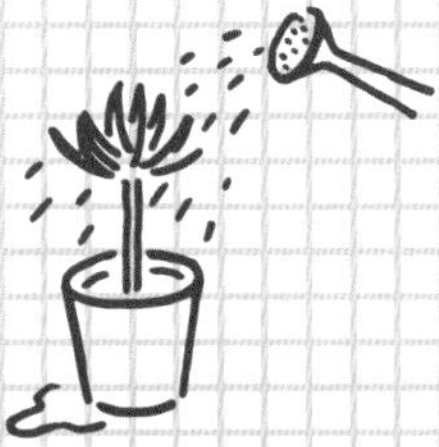

充分澆水至水會從底部流出為止，一個星期內要避開陽光直射，並放在明亮的陰涼處管理。

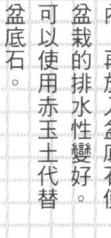

調整樹形

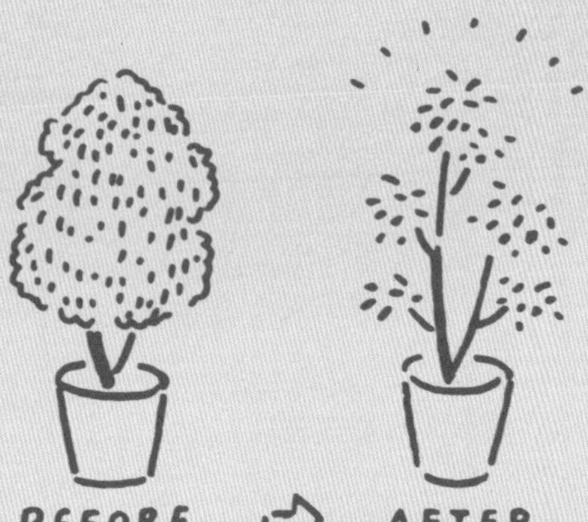

就像剪頭髮一樣，修剪塑形

植物的葉片、枝節和新芽會隨著時間不斷生長，葉片茂密、枝節生長，漸漸長成各種不同的姿態。植株長得蒼鬱茂盛時，不妨把妨礙生長的多餘枝葉修剪掉吧！或許捨不得剪掉那好不容易長出來的枝葉，但換個角度想，修剪可以讓植株冒出新芽，還有促進植株生長的好處。狠下心來修剪植株吧！

建議進行修剪的時間，是在4～7月的生長期。可以透過修剪讓樹形變得更清爽，也能保持空氣流通。修剪完畢後，將植栽放在容易冒新芽的日照充足處吧！

減少新芽的數量，並考量到植株整體的協調性

修剪並非盲目地剪掉枝葉，主要是「減少新芽的數量」、「剪掉交疊的枝節」、「調整植株上下左右的協調性」。

下刀處在冒芽的上方。能讓下次發芽更順利。而枝節分枝得越多，養分也會被分散，導致枝節變得脆弱，空氣也不流通。如果枝節分成三、四節的話，留下二節即可。上下左右的枝節長得亂七八糟，把凸出來的部分剪掉，調整協調性。

只要進行過一次修剪，會對植物造成很大的負擔，一定要一邊觀察一邊進行調整。

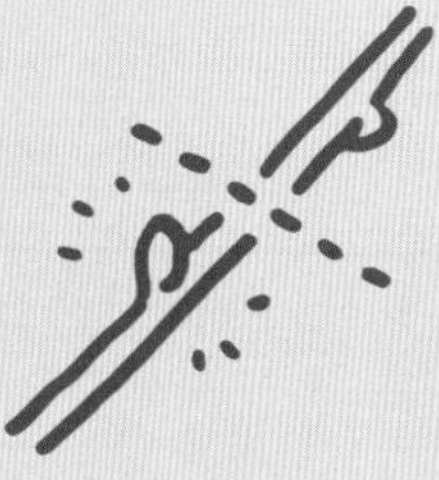

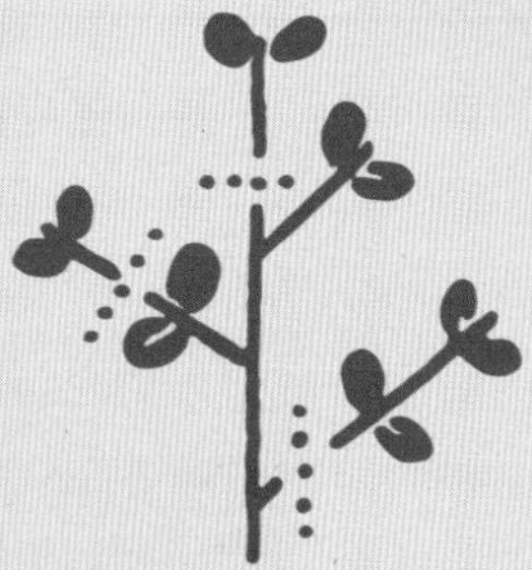

常見問題Q&A

Q 擺在玄關的植物沒什麼活力，我明明都有開燈照明，也有保持空氣流通啊？

A 任何植物都需要陽光。電燈照明對植物沒有任何意義。

黑手指誤區之一：以為只要有電燈照明的亮度就已足夠，但電燈照明對植物來說沒有任何意義植物。植物基本上都是生長在戶外的環境，以電燈取代日照，雖然不至於很快枯死，但會漸漸失去生氣。請將植物放在日照充足的地方。

Q 可以單憑喜好去挑選植物嗎？

A 植物適不適合那個放置場所也很重要。

與一見鍾情的植物相遇，忍不住馬上把它買回家。但若擺放在不適合的位置，很快就要忍痛跟它說再見……買植物時，可以先告訴店員植栽預計擺放的位置，和店員討論出適合栽種的環境。本書的植物圖鑑也有介紹適合擺放的場所，購買前請務必當作參考。

Q 我看植物沒有活力就幫它澆水，結果反而變得越來越沒活力了……

A 植物沒活力並不代表要澆水。

雖然植物沒活力有時真的是因為缺水，但有時反而是澆水澆過頭了。此外還要考慮到日照不足和通風不良等各種原因。也要思考是不是放置的場所不恰當。如果是澆水澆過頭，可以暫時先不澆水，將植物放到空氣流通、日照充足的地方再稍微觀察狀況。

Q 植栽的葉色變得黯淡無光……

A 可能是蟎蟲惹的禍！趕快來驅蟲吧！

葉片長出白色的斑點、表面感覺很粗糙、葉色變得黯淡無光，這些可能都是蟎蟲造成的原因。有蟲害很容易使其他植物遭受感染，應盡快驅除。將植株整體用水充分沖洗乾淨，放在空氣流通的地方並在葉面灑水（參考P195），都是能預防蟲害的方法。

Q 植物的周遭常有蛾蚋飛來飛去……

A 要注意土壤是否過濕、接水盤是否有積水。

濕濕的土壤和接水盤上的積水都會誘使蛾蚋出沒。盆裡的落葉未清，或使用有機肥料也很容易引來蛾蚋。清除落葉、倒掉接水盤的積水、再檢查盆套內是否乾淨、將肥料改成化學肥料、表層部分土壤挖除幾公分，以赤玉石取代鋪在表層。以小石頭等覆土（覆蓋在土壤表面）也很有效果。好好地將蛾蚋驅除吧！

Q 我的植株長得細細長長的，樣子看起來好脆弱喔……

A 日照不足。讓植株晒晒太陽吧！

葉和莖的顏色變淡、葉片之間的間隙變大、只有葉片長得特別大片、莖幹長得細細長長的，這些全都是因為日照不足的關係。光靠照進室內的陽光還不夠。重新檢視目前植株的放置場所，把它們移到能充分照到陽光的地方吧！

Q 我因為外出或出差而經常不在家，是不是沒辦法養植物？

A 選購稍微大一點的盆缽，以及非常耐旱的仙人掌或多肉植物。

選擇可放大量土壤的盆缽，來種耐旱的植物品種吧！還能減少澆水的頻率。如果有3～4天不在家，只要出門前先充分澆水，放在戶外空氣流通的陰涼處，盆內的水分可以維持得比較久。如果是怕忙到沒時間照顧，建議你依照本書的植物圖鑑來挑選耐旱的植物。

Q 葉片和枝節的生長方向偏向某一邊，樹形變得好奇怪……

A 植物都是向光性生長的生物。

如果將植物放到日照良好的窗邊，植物會朝著陽光照射的方向生長。因植物荷爾蒙的關係而促進了陰暗側的植物生長。偶爾要改變盆缽的方向，讓植物能全面照到陽光。

AYANAS
BOTANICAL WORKS

「AYANAS」是打造絢麗而多彩的景色之意，
以能為生活增添樂趣與色彩的植物作為提案主軸。
在日本以群馬縣高崎市為據點，開設了觀葉植物園藝店，
並從事庭院、植栽和景觀設計的服務。

群馬縣高崎市田町53-2 3F
4(P218-222皆相同)
協力製作

@ayanas.jp

TOKIIRO（季色）

近藤義展和近藤友美的雙人組合，以多肉為主的組盆為提案。在綠意設計、園藝設計、體驗工房等多方面的工作中，創作出活在空間（盆器）中的故事（組盆）。
著有《多肉小宇宙：多肉植物的生活提案》（噴泉文化）、《ときめく多肉植物図鑑》（山と渓谷社）等書。

URL：www.tokiiro.com

@ateliertokiiro

Feel The Garden
苔蘚玻璃盆景

以苔蘚玻璃盆景為中心，製作綠意及販售。每月舉辦的體驗工房非常熱門。可依照初級到高級的程度來體驗製作玻璃盆景。體驗會場位於杉並區方南町的教室，詳情及報名資訊請上官網查詢。

URL：www.feelthegarden.com

@feelthegarden

Flying（株式会社Flying）

主要以空間展演和展示設計為主的Flying。除了製作並販售鹿角蕨用的附生板外，春季至秋季間不定期舉辦上板體驗工房。附生板可至http://mama-net.stores.jp/上購買，接受客製化訂單，可訂做特殊尺寸和形狀的附生板。

URL：https://imama-net.stores.jp/

@flying_design

SNARK Inc.

以群馬和東京為據點活動的建築設計事務所。從家具和產品的製造、裝潢、新建住宅到公共設施等企劃、設計、施工和活動企劃、經營等涉及多方領域。本書刊登的鋼製系列產品可向press@snark.cc洽詢。

URL：www.snark.cc

@snark_inc

aarde

隨時備有2500種以上的盆器來販售，是創業近七十年的老字號盆缽中盤商「近江化學」，成立了專賣一般客群的「盆缽、盆器專賣店」。除了在店鋪販售外，每週六還會開放位於杉並區方南町的倉庫，以全品項九折的優惠向一般散客「展示販售」。

URL：www.aarde-pot.com

HACHILABO

HACHILABO在植物（主角）和盆缽（配角）的關係中，以「兩者共存並發揮各自個性」為理念，主打帶點韻味，與植栽相輔相成的「配角」為主。

URL：www.8labo.jp

@8labo

ideot

位於澁谷區神山町的居家雜貨店。店內的商品種類不分時代、國別，精選出兼具古典及時尚，讓人能感受到「當下」的無邊界商品為提案。

URL：www.ideot.net

@ideot_net

VOIRY STORE

佇立在目黑區閑靜的住宅街上的一般商店。店內的擺設宛如美國加油站旁的雜貨店、學校的福利社、小型日用品雜貨鋪，商品排列得井然有序。也有賣圍裙、包包、長靴等自創品牌雜貨和服飾。

URL：voiry.tokyo

@voirystore

Royal Gardener's Club

園藝灑水用品、淨水器位居日本國內市占率第一的龍頭企業Royal Gardener's Club。主要銷售講究質感，即使是工業製品也能感受到手工製作溫度的園藝用品。和專為女性設計的園藝用品集團「La terre」在自由之丘開設了聯名商店。不僅販售切花、花苗和園藝用品，還有庭院維護的諮詢服務。

URL：www.rgc.tokyo

@royal_gardeners_club

menui

在吉祥寺有兩間店鋪的編織籃專賣店。在東急裏店除了販售不同國別、材質和尺寸等各式各樣的編織籃外，還有開設編織籃體驗工房。而在中道通店則是販售雜貨、飾品及服飾。

URL：menui.jp

@menui_
@menui_nakamichi

ROUSSEAU

玻璃盆景作家中山茜所使用的玻璃品牌。利用一點一滴手工切割出的玻璃，再從植物和礦物等自然美中獲得靈感，在花器、鏡子和玻璃瓶中製作出療癒生活的大自然美麗造景。

URL：rousseau.jp

@rousseau_____

萩野昌

對美國和澳洲的繩結編織魅力深深著迷。主要製作簡約造型可重複使用的家居雜貨。以新潟為據點活躍中。

URL：ronronear.theshop.jp

@tami_designs

MIDORI雜貨屋

為心愛的雜貨增添綠意，使雜貨變得更加可愛！而MIDORI雜貨屋是專門蒐集許多適合綠意生活的天然＆瑕疵雜貨，讓居家擺飾變得更可愛的店家。以「綠意生活空間」為提案。

URL：midorinozakkaya.com

@midorinozakkaya

參考文獻

《最新版たのしい観葉植物》（主婦の友社）

《緑と空間を楽しむインドアガーデン》（成美堂出版）

《グリーンで楽しむインテリア》（パイインターナショナル）

《はじめてのインドアグリーン選び方と楽しみ方》（ナツメ社）

《SOLSO FARM BOOKインドアグリーン》（小　館）

《多肉植物・仙人掌圖鑑800》（麥浩斯）

《多肉小宇宙：多肉植物的生活提案》（噴泉文化館）

《ときめく多肉植物図鑑》（山と渓谷社）

《生活中的綠舍時光：30位IG人氣裝飾家＆綠色植栽的搭配布置》（噴泉文化館）

《マクラメ・インテリア結びでつくるBOHOスタイル》（グラフィック社）

植物優先！
人和植物都療癒的空間提案 X 現在就想入手的 64 種觀葉植物全圖鑑

作　　者／境野隆祐
譯　　者／李亞妮
主　　編／林巧涵
責任企劃／蔡雨庭
美術設計／紀知儀
內頁排版／唯翔工作室

装丁・デザイン	山城 由(surmometer inc.)
DTP	小林 祐司
イラスト	あしか図案
文(PART3)	石島 隆子
編集	古賀 あかね
装丁用写真提供	AYANAS、TOKIIRO、Flying、ideot、萩野 昌

第五編輯部總監／梁芳春
董事長／趙政岷
出版者／時報文化出版企業股份有限公司
108019台北市和平西路三段240號　發行專線／（02）2306-6842
讀者服務專線／0800-231-705、（02）2304-7103　讀者服務傳真／（02）2304-6858
郵撥／1934-4724時報文化出版公司　信箱／10899 臺北華江橋郵局第99信箱
時報悅讀網／www.readingtimes.com.tw　電子郵件信箱／books@readingtimes.com.tw
法律顧問／理律法律事務所　陳長文律師、李念祖律師
印　　刷／勁達印刷有限公司　初版一刷／2022年10月14日
定　　價／新台幣380元

ISBN 978-626-335-889-8

時報文化出版公司成立於一九七五年，並於一九九九年股票上櫃公開發行，
於二〇〇八年脫離中時集團非屬旺中，以「尊重智慧與創意的文化事業」為信念。

植物優先!：人和植物都療癒的空間提案X現在就想入手的64種觀葉植物全圖鑑/境野隆祐作；李亞妮翻譯.
-- 初版 -- 臺北市：時報文化出版企業股份有限公司, 2022.10
ISBN 978-626-335-889-8(平裝)　1. CST: 觀葉植物 2. CST: 栽培 3. CST: 植物圖鑑　435.47025　111013762

暮らしの図鑑 グリーン
(Kurashi no Zukan Green : 6312-3)